DeepSeek
快速上手指南

比 ChatGPT 適合中文使用者，
入門、搜索、除錯到寫作，
學生、上班族或企業主管一鍵適用。

百萬暢銷書作家、矽谷投資人
李尚龍 ◎著

目錄

推薦序　一本務實 AI 的指南／普普文創 Alan　007
作者序　歡迎來到 AI 時代　011
前　言　從學生到上班族，一鍵適用　015

第1章　入門與基礎應用

1　DeepSeek 是什麼？　023
2　如何註冊和登錄　027
3　你最好的創作搭檔　037
4　表達改寫大師　041
5　貼身程式設計助理　045

第2章　進階版玩法

1　如何讓 DeepSeek 更聽話　053
2　省下資料整理的時間　055

3 搞定資料分析和報告　061
4 市場行銷的必備武器　065
5 打造有層次感的流量文案　071
6 智能程式設計助手　081

第3章　比你自己更懂你

1 有些資料不能提供給 AI　089
2 讓團隊效率翻倍　101
3 讓開發者玩出新花樣　111
4 DeepSeek 的進化之路　119

第4章　解鎖 7 大使用技巧

1 它「聽得懂」你的日常語言　127
2 精準提問，直擊最佳輸出　131

3 複雜概念轉化成大白話　137

4 唱反調模式　143

5 批判性思考挖掘複雜問題　149

6 模擬網路罵戰，優雅回嗆惡評　161

7 人人都能是寫作大神　167

8 不藏私範本送給你　173

第5章　快記、快背、快寫，成為學習達人

1 故事引導法，不用背就記住　179

2 宮殿記憶，用舊的記新的　181

3 身體比大腦更可靠　183

4 有利的困難策略　185

5 逆向論證法，避開盲點　187

6 多角度思考原則　189

7 類比思考法，找出潛在的共同原理　191

8 刻意練習　193

　　9 遊戲化學習　195

第6章　爆紅文案信手拈來

　　1 好內容就有流量　199

　　2 了解各大平臺的傳播模式與風格　205

　　3 文案是否成功，取決於提示詞　211

　　4 如何生成爆紅文案　217

　　5 常見問題與技巧分享　223

　　6 最重要的是實踐　229

附　錄　總結 DeepSeek 的超強功能　237

推薦序
一本務實 AI 的指南

AI 應用創作者、方格子創作作家／普普文創 Alan

　　AI 工具從爆紅至今，不過短短幾年，已從小眾話題成為生活裡的常態。回想 2023 年前，我還得花上好幾天熬夜編小說、一張張調整插圖風格。現在，只要掌握幾組提示詞，AI 就能幫我產出完成度相當高的內容。

　　然而，這並不表示創作就變得更簡單，相反的，在工具過剩、選擇多元的時代，「怎麼用」、「如何用得好」反而成了更大的挑戰。

　　我常用的 AI 工具超過 10 種，從 ChatGPT、Claude（Anthropic PBC 開發的大型語言模型）、Gemini 到 Leonardo、Canva、Suno⋯⋯每一款各有強項，也各有侷限。DeepSeek 是我使用的其中一個 AI 模型，它的優點很明顯──語感自然、生成穩定、介面簡單、回應速度快。但也因為它不像英語系工具那樣有語言的隔閡，使用者在上手之

後，往往會忽略它所具備的深度與可能性，而只停留在淺層互動。

也因此，當我得知李尚龍老師要出版《DeepSeek 快速上手指南》，我心裡是抱持著一種期待：「終於有人願意好好整理這類中文 AI 工具的使用方式了！」

這本書的價值，在我看來，並不是它能「改變你的人生」或「顛覆工作模式」，而是它提供了一套務實的方法論。**AI 工具再怎麼強大，如果使用者不理解它背後的邏輯、不知道怎麼給提示、不知道怎麼修正錯誤輸出，那它就只是個「會講話的黑盒子」。**作者在書中所做的，就是努力把這個黑盒子拆解、說明、範例化，讓使用者能一步一步掌握核心技巧。

但我也想提醒讀者：AI 不是萬能的，DeepSeek 也不是。你無法期待它一秒變詩人、5 分鐘解決職涯困境，也不能指望所有使用者看完一本書就變成 AI 高手。《DeepSeek 快速上手指南》沒有神化 AI，這點我很欣賞。它不是教你「套用模板馬上成功」，而是引導你逐步理解這個工具的邏輯，並提供一些實際可行的練習方向——無論是自定義角色、提示詞調整、還是跨場景應用。

我在創作過程中，AI 常常生成出「看起來沒錯、但總覺得差一點」的文字；也曾因為提示詞不夠精準，導致圖像

推薦序　一本務實 AI 的指南

一再跑偏、語調與意圖背道而馳。這些問題的解法，往往不是換一個模型，而是回頭理解自己到底要什麼，再針對 AI 的特性去做修正。《DeepSeek 快速上手指南》就是在這方面，提供實際的建議。

這本書不是技術聖經，不可能涵蓋所有 AI 可能的用途；但它夠具體、夠清楚，而且針對中文使用者的需求，做到真正落實的整理。對剛接觸 AI 的人來說，它可以省下不少摸索時間；對已有經驗的人來說，它也能讓你反思一些自以為「已經會了」的習慣。

我想說的是：在這個充斥 AI 工具、資訊過載的時代，我們不需要更多的「AI 神話」；我們需要的，是能幫我們把手上的工具，真正用好、用對的教學。而這本書做到了。

作者序
歡迎來到 AI 時代

2025年年初，DeepSeek爆紅。

出版社找到我，說希望能寫一本關於這款產品的操作指南。我點開DeepSeek，一邊研究，一邊寫稿。從大年初一那天開始動筆，到第六天，我就交稿了。

六天，寫完一本書。這並不是在炫技，是我誠實記錄的事實。

我只是搭了一個清晰的知識框架，剩下的——查資料、寫小節、總結、潤飾——全由AI幫我完成。這是我人生第一次正式與AI共寫一本書。不是助手，不是參與者，而是共同署名的寫作者，雖然它不需要出現在封面上。

結果呢？這本書出版極快，編輯部審完直接說可以上架。上架後，短短幾週內銷量破百萬本。

這當然有出版社的選題眼光，也有時代的紅利，但我清楚：我一個人，根本不可能在這個速度、這個精確度下完成這樣一本書。

這不是我一個人的勝利，是「人與AI合作寫作」這種新方式的勝利。這可能就是未來創作的標準方式。

　　而這件事，其實在文學界也已經發生。

　　2024年，日本第170屆芥川龍之介賞的得主——33歲作家九段理江——在記者會上主動承認，她的得獎作品《東京都同情塔》中，約有5％的內容，來自ChatGPT的生成語句，並原封不動的保留在書中。她說這是為了讓小說中與AI對話的部分更具「真實感」，她不是偷懶，而是有意識的使用。

　　消息一出，輿論嘩然。但芥川賞的評審卻非常冷靜，他們沒有因此扣分，反而認為這樣的實驗方式「反映了當代寫作現場的變化」，也是一種新時代的文學探索。

　　我聽完後只有一個念頭：是的，AI寫作已經不是未來式，而是現在進行式。

　　這本書在臺灣出版時，DeepSeek本身已經出現退燒跡象——一方面語料庫品質參差不齊，影響了生成結果的穩定性，另一方面也反映出使用者對工具的期待與使用習慣正在轉變。這也是AI工具常見的發展軌跡：快速崛起，也可能迅速退場。

　　但別擔心，AI的主旋律仍在高歌猛進。

　　2025年2月，Claude 3.7和ChatGPT 4.5問世，它們的

思考能力、語言風格、理解能力又提升到一個新層級。人類與AI的合作方式，還在持續升級。我們很快會見到更多AI不只是生成語言，更能產出邏輯、風格、靈魂氣息的文字。

AI時代的規則，是：「變化」就是唯一不變。

今天你學會了用DeepSeek，明天你可能會切換到別的模型；今天你是用AI寫企劃書，明天你可能在寫小說、寫報告、寫歌詞、寫劇本。

一切，都才剛剛開始。

這本書，是我寫給所有願意與AI合作的創作者的入場券。它不只是一本上手指南，更是一種態度：願你成為那個懂得駕馭工具的人，而不是被工具淘汰的人。

歡迎你，來到AI時代。

前言
從學生到上班族，一鍵適用

　　矽谷一年一度的未來科技峰會是科技界的大事件，各大巨頭、創業公司、風險投資人都會參與。很多人以為今年的焦點依然是那些耳熟能詳的 AI（Artificial Intelligence，人工智慧）產品，比如 ChatGPT（Chat Generative Pre-trained Transformer，一種聊天機器人模型）或剛發表的 Gemini（人工智慧模型）。然而，峰會第二天，一場突如其來的「AI 挑戰賽」卻徹底改變了這個節奏。

　　主辦方即興安排了一個 AI 專案演示環節，各公司需在短時間內利用 AI 完成一個極具挑戰的任務——分析、整合大量圖片、影片和文字資料，生成一份完整的市場研究報告。任務不僅要求結果分析準確，還要在報告中插入視覺化圖表，並提出具體建議。很多團隊都表現不錯，但進展緩慢。就在大家焦急等待的時候，DeepSeek（一款人工智慧助手）登場了。

　　DeepSeek 團隊將 3 組複雜的資料快速導入系統，幾分

鐘內就生成了一份近乎完美的報告，涵蓋市場趨勢、潛在風險和未來機遇，甚至給出了多角度的視覺分析圖。更令人震驚的是，它自動生成了一段3分鐘的影片演示，將複雜的資料變得清楚易懂。現場一片譁然，有些人甚至忍不住鼓掌。

之後，我聽說峰會結束當天，幾家科技巨頭的代表直接找到DeepSeek團隊，詢問合作意向，其中一家甚至當場開出了8位數金額的投資邀請。

在我撰寫本書的幾週前，DeepSeek在北美市場引起了巨大轟動。DeepSeek深度思考（又稱DeepSeek-R1，一個大型語言模型）以其高效率且低成本的優勢，迅速的成為產業焦點。

這一突破引發了美國科技股的劇烈波動。輝達（NVIDIA）股價單日下跌近17%，市值蒸發約6,000億美元[1]，創下美股單日市值蒸發紀錄。與此同時，Meta（Meta Platforms Inc.，原名Facebook）等公司則因其開源模式而受到投資者青睞，股價有所上漲。

DeepSeek的成功引發了對美國在AI領域主導地位的

---

[1] 約新臺幣17兆8,140億元，此處美元兌新臺幣之匯率，以臺灣銀行2025年6月公告均價29.69元為準。

質疑。《華爾街日報》（*The Wall Street Journal*）評論稱，DeepSeek的崛起證明了美國補貼和制裁政策的侷限性，強調美國需要這樣的競爭對手來激勵自身進步。

此外，DeepSeek的開源策略也引發產業的廣泛討論。其AI助手在蘋果App Store的下載量超過了美國開放人工智慧研究中心（OpenAI）的ChatGPT，成為免費應用程式榜首。這一現象引起了美國AI公司的高度關注，紛紛在法說會[2]上討論DeepSeek的影響。

總結來說，DeepSeek的出現不僅震撼了北美市場，也促使產業重新審視AI發展的成本結構和競爭格局。這為全球AI領域帶來了新的思考和挑戰。

這還不是全部，一個有趣的小插曲是，在當晚的峰會晚宴上，一位矽谷風險投資人對DeepSeek團隊開玩笑的這麼說：「你們就像AI世界的超級英雄，剛剛拯救了我的投資回報。」

現在你知道它有多特別了吧？也明白為什麼我要寫這本書了。

DeepSeek絕不是普通的AI工具，它將改變我們每個

---

2 法定說明會（Earnings Call），跟法人股東報告經營狀況的會議。

人的生活方式。和我們熟悉的 ChatGPT 或 Claude 不同，DeepSeek 擁有更強的多模態（multimodality）[3] 能力和智慧整合優勢，這不僅意味著它能生成文字，還能輕鬆理解和處理各種形式的資料，比如圖片、表格、音訊、影片等。它的應用潛力早已突破單一領域，逐漸滲透到日常生活中。

未來，每一個人的學習、工作、娛樂甚至日常決策中，都可能有 DeepSeek 的身影。

學生可以用它整理課程筆記，將零散的學習資料一鍵整合成高品質的報告或複習大綱，輕鬆應對考試和課題研究。

設計師無須長時間構思，只須上傳幾張草稿或幾句簡單的描述，DeepSeek 就能生成多種風格的設計稿，節省大量時間。

市場分析師能夠借助 DeepSeek 分析大量的產業資料，不僅提供精準的市場洞察，還能自動生成視覺化資料和決策建議。

企業高階管理者則可以即時追蹤公司營運情況，自動生成週報、月報，甚至預測市場風險。

更重要的是，它的應用並不限於工作或學習。未來，你

---

3 超過一種模式的呈現方法。

或許只須要說一句話,它就能幫你規畫一場旅行、推薦健康飲食方案,甚至指導你健身。

　　DeepSeek不只是一個工具,它正在成為一個「無所不在的智慧助理」,為每個人的生活帶來真正的變革。所以,學會使用它,不僅是為了後來居上,更是為了讓自己不在AI浪潮中被遠遠甩開。

　　正因如此,我邀請你跟隨我一步步探索DeepSeek的無限可能,讓它成為你未來不可或缺的好夥伴。

第 1 章

入門與基礎應用

1 DeepSeek是什麼？

DeepSeek公司（杭州深度求索人工智慧基礎技術研究有限公司）是一家中國人工智慧公司，由梁文鋒於2023年成立，總部位於杭州。該公司以開發開源大型語言模型（Large Language Model，簡稱LLM）而聞名，其最新模型DeepSeek-R1的效能可媲美OpenAI的GPT-4o，但訓練成本僅約560萬美元，明顯低於其他同類模型[1]。

DeepSeek-R1在技術核心的設計與運作方式上，採用與ChatGPT-4o不同的發展方向。具體而言，DeepSeek-R1使用了強化學習技術進行後訓練（post-training），透過學習思維鏈（Chain of Thought，簡稱CoT）的方式，逐步推理得出答案，而不是直接預測結果。這種方法使模型的推理能

---

1 ChatGPT的訓練成本為1億美元至2億美元之間。

力大幅提升。

此外，DeepSeek-R1 採用混合專家模型（Mixture of Experts，簡稱 MoE）架構。這是一種模型架構，藉由啟用不同的專家子模型來提高模型的性能和效率。這種架構使得 DeepSeek-R1 在處理特定任務時能夠調用最適合的專家子模型，提高推理效率和準確性。

相比之下，ChatGPT-4o 主要基於傳統的 Transformer 架構[2]，依賴大規模資料訓練和人類回饋調整，以提高模型的效能。這種方法雖然在多種任務上表現出色，但在推理過程中並沒有展示中間的思考過程。

總結來說，DeepSeek 採用獨特的訓練方法和模型架構，因而獲得高效率的推理能力和較低的訓練成本，與 ChatGPT-4o 相比，展現了不同的技術優勢和應用前景。

總之，你可以把 DeepSeek 想像成是一個超級助手，特別是超級中文助手，因為它的中文能力比 ChatGPT 強大太多了：

- 不會寫郵件？它不僅能幫你寫好，還能改善語氣。
- 要寫報告？它能幫你整理資料、列好大綱，甚至潤

---

2 旨在處理自然語言等順序輸入資料，可應用於翻譯、文字摘要等任務。

▼表 1　DeepSeek 與 ChatGPT-4o 的主要底層邏輯差異

層面	DeepSeek （DeepSeek-R1/V3）	ChatGPT-4o
模型架構	使用混合專家模型，啟動不同的專家子模型，提升推理效果與效率。	主要基於傳統的 Transformer 架構，以大規模資料和深度學習為核心，透過統一架構應對多工。
推理邏輯	強化學習加思維鏈推理，模擬人類的逐步推理過程，有中間推導步驟。	主要依賴於直接輸出預測結果，不提供中間推理過程。
訓練方式	低成本訓練，透過改善資料集和混合專家機制降低計算資源需求（訓練成本約 560 萬美元）。	高成本訓練，依賴大規模運算能力（Computational Power）和人類回饋調整，訓練成本明顯高於 DeepSeek。
任務處理能力	彈性調用最合適的專家子模型，針對不同任務進行精細處理，效率和準確度更高。	同一模型處理所有任務，適應性強，但特定任務的效率可能不如 DeepSeek。
應用場景	強調在特定領域或任務上的深度應用（如醫療、法律等領域）。	更加偏向於通用型任務，例如文字生成、語言理解、程式碼生成等廣泛應用。
創新特性	具備顯示中間思考過程的功能（解釋過程），更貼合需要逐步推導複雜任務的需求。	較注重大規模資料訓練的全面性能，但中間推導過程透明度較低。

飾內容。

　●想學程式設計？它能直接幫你寫程式碼，甚至修改錯誤。

　●需要翻譯？它不僅能翻得精準，還能讓語言表達更到位。

　換句話說，DeepSeek ＝智慧寫作助手＋語言翻譯助手＋程式設計顧問＋資料整理專家。

2　如何註冊和登錄

步驟如下：

第1步，打開DeepSeek官網：https://www.deepseek.com/，點擊「開始對話」。

DeepSeek 快速上手指南

第2步，點擊右下方「立即註冊」按鈕，使用手機號碼註冊即可[3]。

---

3 臺灣可以用 Google 帳號登錄。

第 1 章　入門與基礎應用

第3步，點擊「開始對話」，或者「獲取手機App」。

第4步，你會看到一個對話框，在這裡輸入你的問題，DeepSeek 就會回答。

介面介紹

DeepSeek 的介面很簡單，主要有 3 個部分。

❶ **對話框**：可在這裡輸入問題，AI 會在這裡回覆你。

❷ **歷史紀錄**：可以回顧你之前的聊天內容。

❸ **設置選項**：可以調整 AI 的回覆風格（比如更簡潔、更詳細）。

DeepSeek 深度思考（R1）和聯網搜索

當你需要 AI 幫你快速做事時，DeepSeek-R1 是你的最佳選擇，它能在離線環境下有效率的完成以下任務：

第 1 章 入門與基礎應用

① **寫作與內容創作**

「幫我寫一篇關於人工智慧的科普文章。」

「潤飾我的英文郵件，讓語氣更專業。」

② **程式碼撰寫與修復**

「用 Python 寫一個簡單的計算機。」

「找找這段程式碼中的錯誤，把它最佳化。」

③ **數學、邏輯推理**

「3 個人分 15 個蘋果，每個人最多能分幾個？」

「幫我解這道幾何題，說明步驟。」

④ **資訊歸納與總結**

「總結這篇文章的核心觀點。」

「把會議紀錄整理成一份簡短的報告。」

所以，當問題不需要即時資訊（如寫作、邏輯題、程式碼問題等）時，就交給 DeepSeek-R1 來搞定。

但若你需要最新、最即時的答案，可以用聯網搜索功能。它就像你的「最新消息小幫手」，可以幫你抓取當天最新資料。

① **即時資訊查詢**

「今天北京的天氣怎樣？」

「最新 AI 大會的時間和地點。」

② 最新的時事新聞

「查一下2025年1月關於某個明星的新聞。」

「查詢最近在矽谷發生的科技事件。」

③ 產品或市場調研

「2025年最熱門的AI公司有哪些？」

「幫我整理2024年AI晶片產業的趨勢報告。」

④ 綜合多來源訊息

「列出幾本關於AI教育的暢銷書。」

「查查今年大公司的裁員計畫。」

所以當你需要最新資訊、即時資訊或網路上的多方觀點時，「聯網搜索」是你的最佳選擇。

以下3個小技巧能幫你提高使用效率。

① 提問要清楚、具體

如果問題太籠統，比如「幫我寫一篇文章」，AI很可能無法準確抓住重點。

範例

「寫一篇關於AI改變教育方式的小紅書[4]文案，風格要輕鬆，字數200字。」

▼表2-1　DeepSeek-R1與聯網搜索使用情況對比

場景	用 DeepSeek-R1	用聯網搜索
寫作、論文、報告	寫小紅書文案、改寫論文摘要、潤飾文章	查詢論文最近引用紀錄、研究最新資料
程式設計相關任務	寫程式碼、改程式碼、查 Bug（程式錯誤）	查詢最新的應用程式設計發展介面（Application Programming Interface，簡稱 API[5]）或庫[6]的文件
邏輯和計算問題	數學題、邏輯推理、長文總結	無須聯網，依靠模型本身即可
即時動態	不適合，可能給出過時的答案	查新聞、天氣、科技動態
市場調查分析	總結已有的公司或市場分析報告	蒐集和整合最新市場資料

簡單記憶

- DeepSeek-R1 適合寫作、程式碼、邏輯推理等不依賴網路的任務。
- 聯網搜索適合用來查詢最新動態、時事、市場調查等需要即時資料的問題。

---

4 中國網路購物和社群平臺。
5 一種提供不同軟體系統間互動的工具。
6 指函式庫（Library），是一組寫好的程式碼，可以重複使用，加快開發效率。

「把程式碼最佳化,找到語法錯誤並改正。」

② 給 AI 分配角色

如果你告訴 AI 要它扮演什麼角色,它能根據場景調整語氣和內容,效果更貼合需求。

> 範例

「你是行銷專家,幫我寫一段廣告文案,產品是新推出的耳機。」

「你是軟體工程師,幫我檢查一下這段程式碼效能提升的關鍵。」

③ 複雜問題分步驟提問

如果問題太複雜,AI 可能沒辦法一次說清楚,分步驟提問會更有效率。

> 範例

第1步,「幫我分析產品 X 的優缺點」。

第2步,「根據這些優缺點,寫一個針對年輕用戶的推廣方案」。

第3步,「為推廣方案設計 3 段關鍵文案」。

以下是 3 種可以使用 AI 的場景,後續章節將提供具體例子。

第 1 章　入門與基礎應用

> **場景 1：寫郵件**

　　`指令` 請幫我寫一封正式的英文商務郵件，邀請客戶參加產品發表會。

　　AI 生成：

Dear（Customer's Name），

We are delighted to invite you to……

> **場景 2：寫程式碼**

　　`指令` 請用 Python 寫一個自動計算平均值的程式。

　　AI 生成：

……（完整的 Python 程式碼）

> **場景 3：翻譯改寫**

　　`指令` 請幫我把這段英文翻譯成中文。（貼上英文）

　　AI 生成：

……（通順的中文翻譯）

3 你最好的創作搭檔

你以為DeepSeek只是輔助工具？其實它是你真正的創作夥伴，幾乎可以幫你搞定所有和寫作有關的事。從論文到簡短文案，從長篇文章到社群媒體推播文，只要輸入指令，它就能快速生成內容，大幅提高你的工作效率。

別擔心應用場景太多而記不住，在後面章節我會詳細提到各種具體用法。

它會什麼？

文章寫作：一個簡單指令就能生成各種類型的文章——論文、小紅書文案、品牌專文、專案報告，甚至小說初稿，幫你節省大量時間。

讓文章更通順：自動修改或潤飾已有內容，讓你的文字表達更加精準、自然，適合不同的平臺和讀者群。

DeepSeek 面對長篇內容時，會自動提煉關鍵資訊，輕鬆縮短閱讀時間，抓住核心要點。

不論在哪，你都能用它

小紅書內容創作：短時間內爆發創意，DeepSeek 自動生成吸睛的文案，讓你再也不用苦思冥想。

長文章摘要：無論是冗長的研究論文還是新聞報導，DeepSeek 都能快速提煉關鍵，讓你輕鬆掌握重要資訊。

文章結構重組：DeepSeek 能根據你的要求重組段落和章節，讓報告、論文或長文的邏輯更加清晰、流暢。

以下提供一個例子。

指令 幫我寫一篇小紅書文案，主題是如何用 AI 提高學習效率，風格輕鬆幽默，字數 200 字。

生成範例：

書山有路 AI 為徑！想像一下，寫作時不再卡關，複習時不再熬夜，論文自動生成核心框架——這就是 AI 學習的魔力！三大 AI 神器推薦：ChatGPT 幫你做筆記、DeepSeek 寫作助手潤飾論文、AI 思維導圖（Monica AI）整理知識框架。進階學霸？比你想像的簡單！

未來你會發現，不論是寫長文、短文案，還是改善現有內容，DeepSeek都能幫你完成得更快、更好。這才是高效率寫作的新時代！

接下來，我會逐步講解更多的具體操作和實戰應用，讓它真正成為你不可或缺的「寫作搭檔」。

4 表達改寫大師

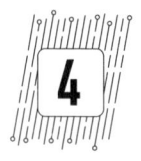

　　DeepSeek 不僅是你的「語言翻譯器」,更是「表達改寫大師」,能夠理解語境、調整語氣,確保翻譯內容既準確又專業。無論是跨國郵件、外文論文,還是社群平臺內容,都能輕鬆搞定。

它強在哪?

　　多語言翻譯:提供中英互譯;中文與日語、法語、德語等多種語言間的高品質翻譯,幫助你與世界無障礙溝通。

　　精準語言風格調整:根據不同的場景要求,提供正式、學術、輕鬆等多種風格選擇,確保符合目標讀者的期望。

　　英文改寫與潤飾:針對英文郵件、論文等正式場合內容,美化措辭、句型,使其更符合英語母語者的表達習慣,避免「直譯感」。

自動語法糾正：在翻譯或改寫過程中，自動檢查語法、拼寫和標點，確保內容零錯誤。

應用場景

商務溝通：跨國企業中的中英郵件往來、合約翻譯等，DeepSeek能快速提供專業的翻譯和潤飾，讓你的表達更有說服力。

論文寫作：英文論文、學術報告需要高品質表達時，DeepSeek能幫你從詞彙到句型逐一潤飾。

社群平臺內容：小紅書、Instagram等平臺需要輕鬆幽默的翻譯和改編文案，DeepSeek能靈活調整語氣，貼合不同受眾。

指令 1 請幫我把這段中文翻成英文，並讓語句讀起來更通順。

原文：這篇文章的主題是 AI 如何改變未來教育。

翻譯並潤飾後：

This article explores how AI is reshaping the future of education.

（翻譯時調整了句子結構，使表達更道地、流暢。）

指令2 幫我改寫這封英文郵件，使其語氣更專業。

原文郵件：

Hi John,

I want to discuss a problem we had last week. We couldn't complete the project on time because of some unexpected issues. Can we schedule a call tomorrow?

改寫後：

Dear John,

I hope this message finds you well. I would like to discuss some challenges we encountered last week that caused delays in the project timeline. Would you be available for a call tomorrow to review the situation and explore potential solutions？

（AI將郵件改寫得更加正式、專業，語氣也變得更有禮貌和質感。）

◆ 擴展玩法

即時翻譯協助：在跨國會議、線上聊天中，AI可即時翻譯發言並調整措辭，讓溝通無障礙。

精準語意潤飾：DeepSeek可自動識別文字的語境，並

精準潤飾，使句子更加流暢自然，同時確保語意準確無誤，提升內容的專業性和文字流暢度。

　　無論是正式文書還是輕鬆文案，DeepSeek 都能靈活調整語言風格，讓你的每一句話更符合目標需求。

5 貼身程式設計助理

　　DeepSeek是你的貼身「程式設計助理」，不僅能幫你寫程式碼、理順邏輯，還能迅速定位和修復程式碼中的錯誤。對於程式設計新手和資深開發者來說，它都是提升效率的利器。

程式碼問題，一鍵搞定

　　程式碼撰寫：提供多種程式設計語言（如Python、JavaScript、C++、Java、SQL等），根據需求生成函數、模組甚至完整的專案程式碼。
　　程式碼最佳化：分析現有程式碼，理順邏輯結構、變數命名和效能，使程式碼更有效率、流暢。
　　Bug修復：自動檢查程式碼中的語法、邏輯錯誤，幫助你快速修復並提供建議。

演算法與解決方案生成：針對演算法問題或複雜邏輯，AI可根據需求提供標準化的解決方案。

開發、除錯、學習，都好用

專案開發中的快速原型（rapid prototyping）：需要快速實現一個功能？DeepSeek可生成初步程式碼，讓你更快進入測試階段。

除錯（Debug）和錯誤修復：當程式碼執行出錯時，AI可自動分析錯誤原因，提供修復建議，減少除錯時間。

學習與教學輔助：對於程式設計學習者，AI可以協助理解演算法的思路、生成範例程式碼，並解釋關鍵步驟。

跨語言轉換：將一個功能從Python轉換到Java或其他語言，AI可快速完成程式碼重組。

指令1 用Python寫一個簡單的計算機，可以用來加減乘除。

生成範例：

```
def calculator():
    print(" 歡迎使用簡單計算器！")
    print(" 操作：加 (+)，減 (-)，乘 (*)，除 (/)")
```

```python
num1 = float(input("請輸入第一個數字："))
operator = input("請選擇運算符號(+, -, *, /): ")
num2 = float(input("請輸入第二個數字："))

if operator == '+':
    result = num1 + num2
elif operator == '-':
    result = num1 - num2
elif operator == '*':
    result = num1 * num2
elif operator == '/':
    if num2 != 0:
        result = num1 / num2
    else:
        result = "除數不能為零！"
else:
    result = "無效的運算符號。"

print(f"結果：{result}")
calculator()
```

（這個簡單的互動式計算機，使用者輸入數字和運算符號即可得到計算結果。）

指令2 幫我把這段 Python 程式碼最佳化，減少冗餘的邏輯。

原始程式碼：

```
if age >= 18:
    print("成年人")
else:
    if age < 18 and age >= 13:
        print("青少年")
    else:
        print("兒童")
```

改寫後：

```
if age >= 18:
    print("成年人")
elif age >= 13:
    print("青少年")
else:
    print("兒童")
```

（改寫後的程式碼結構更加簡潔，去除了不必要的條件判斷。）

指令3 幫我修復這段 SQL 語句的錯誤。

原始SQL語句：

SELECT name, age, FROM students WHERE age > 18;

改寫後：

SELECT name, age FROM students WHERE age > 18;

（去掉了多餘的逗號，保證 SQL 語句的正確執行。）

◆ 擴展玩法

API 整合輔助：需要整合外部 API？DeepSeek 可以幫你快速生成調用程式碼。

文件生成：為你的程式碼生成自動化注釋和文件，提升團隊協作效率。

安全檢查：在提交程式碼前，讓 DeepSeek 自動檢測潛在的安全性漏洞，給出修復建議。

無論是執行簡單任務還是開發複雜專案，DeepSeek 都能提供即時程式設計支援，幫助你提升效率。

第 2 章

進階版玩法

前面我們學習了 DeepSeek 是什麼、它的核心功能、基礎應用，及其基本操作。如果你已經成功註冊 DeepSeek，並且嘗試過輸入指令、讓 AI 幫你寫文章、翻譯文字或者寫程式碼，那麼恭喜你，你已經邁出了使用 AI 的第一步！

但是，你可能會發現：
- AI 有時候給的答案不夠精準。
- 雖然 AI 寫出的文章品質還可以，但不太符合自己的風格。
- AI 能把用戶要求的程式碼寫出來，但不一定是最佳解。

這裡我就來教大家如何更深入的使用 DeepSeek，掌握其進階玩法。

1 如何讓 DeepSeek 更聽話

很多人初次使用 DeepSeek 時,會發現 AI 生成的答案有時很好,有時很一般,這是為什麼呢?

答案很簡單,因為它需要清晰的指令。

如果你的問題模糊不清,DeepSeek 也會給你一個模稜兩可的答案。

要讓 DeepSeek 生成高品質的回答,你需要:

- **問題具體化**:告訴它你要什麼,不要什麼。
- **拆分任務**:複雜任務拆成幾步,讓它逐步完成。
- **設定角色**:讓它扮演特定身分,比如你是一個資深市場行銷專家。
- **提供範例**:給它一個參考,讓它按照你的風格生成內容。

在自媒體領域,流量不是天上掉下來的,而是精心設計

的結果。如果你想讓DeepSeek幫你寫出高流量的文案，直接下「寫一份有流量的文案」的指令是行不通的。你需要用「精準提問＋清晰指令＋有效範例」來引導DeepSeek，才能得到真正有效的結果。

如果你只是簡單的對DeepSeek說：「幫我寫個好看的文章標題」或者「來段吸睛的文案」，AI很可能會給你一個中規中矩的答案，缺少爆紅文案的亮點。正確做法是，提供明確的內容框架、情感共鳴點或目標人群。

問題要具體化，告訴DeepSeek你要什麼、不要什麼。

範例 幫我寫一篇小紅書的引流文案，目標是吸引20歲至30歲的年輕人，風格要帶點幽默感，和李尚龍寫〈小人物的奮鬥〉類似。

錯誤舉例 寫個高流量標題。

改寫後：

寫一個關於普通人用AI提高收入的話題，帶有李尚龍式逆襲故事的風格，目標是引發共鳴。

2 省下資料整理的時間

在資訊超載的時代,DeepSeek是你的「資料歸納員」,能快速從雜亂無章的文字、數據和會議紀錄中提煉出有價值的資訊,幫你輕鬆完成數據報告、會議紀錄和複雜文件歸納等任務。

幫你脫離行政地獄

會議紀錄:自動提煉會議中討論的核心內容、決策要點和待辦事項,讓你不用再反覆重聽會議錄音。

資料分析與報告生成:基於Excel、逗號分隔值(Comma-Separated Values,簡稱CSV)[1]等資料,自動分

---

1 一種簡單的純文字格式,用來存放表格資料。

析並生成結構化的視覺化報告，內容包括趨勢圖、資料表和總結等。

複雜資料整理：從文件、網頁、電子郵件等資訊來源中抓取關鍵內容，去除冗餘，提供易於理解的整理結果。

任務清單生成：透過整理資料和會議內容，為你生成清晰的任務清單和優先順序。

應用場景

會議紀錄自動生成：適合頻繁參加會議或腦力激盪（Brainstorming）的工作職位，DeepSeek能幫你總結討論的重點，確保不會遺漏關鍵資訊。

大數據歸納與分析：企業需要的銷售資料、市場分析資料等，DeepSeek可以快速分析趨勢，生成以資料為基礎的洞察報告。

訊息提煉與整合：當你需要從大量文件中提煉核心觀點時，DeepSeek能幫你省去篩選和比對的繁瑣步驟。

多來源整合報告：自動將不同資料來源（Excel、檔案、郵件等）匯總為統一格式的分析結果。

指令 1 請幫我總結一下這場專案會議的要點和提到的待辦事項。

原始輸入（提供 AI 會議錄音、文字紀錄等）：

會議內容概述：討論新產品的開發進度、市場行銷策略，以及團隊需要解決的技術問題。

生成範例：

會議紀錄

時間：2025 年 1 月 29 日

參與人員：專案經理、技術負責人、市場負責人

主要討論內容：

- 產品開發進度彙報（當前完成率：60％）
- 下季度市場推廣計畫
- 新增技術問題匯總及負責人分配

決策事項：

- 確定新產品上線時間為 4 月
- 推廣活動初步預算定為 50 萬元
- 修復技術問題的優先順序安排

待辦事項：

- 技術團隊 1 週內提供問題解決方案
- 市場部門完成廣告文案初稿

指令2 請根據這份 Excel 銷售資料生成季度分析報告。

原始資料：Excel 檔包含產品名稱、銷售額、季度成長率等多列資料。

生成範例：

季度銷售分析報告

總銷售額：本季度銷售額達500萬元，較去年同期成長了15％。

最佳銷售產品：智慧手錶X1，占總銷售額的35％。

主要趨勢：東部市場成長最快，較去年同期提升25％。

面臨的挑戰：西部市場成長放緩，需加強對當地品牌的宣傳。

（報告自動包含資料圖表，例如橫條圖、折線圖等，便於以視覺化方式理解。）

指令3 從這堆技術文件中提取出與資料安全相關的重要內容。

整理結果：

- 資料加密是確保客戶隱私的核心措施。
- 系統日誌須定期審查，以檢測潛在入侵風險。
- 多重驗證[2]推薦用於使用者資料存取權限管理。

（AI自動過濾無關內容，只保留關鍵點。）

• **擴展玩法**

　　大規模資料匹配：交由DeepSeek比較與整合不同的資料來源，生成交叉分析報告。

　　自動生成視覺化資料：根據資料自動生成視覺化圖表，包括圓餅圖、折線圖和熱圖（heat map）。

　　智能提醒與推播：當資料或會議紀錄更新時，DeepSeek可推播關鍵提醒，方便你隨時了解進展。

　　無論是企業決策、專案管理，還是日常任務追蹤，DeepSeek都能幫你把繁雜的資料整理成有用的行動指南，讓你的工作更有效率、更有條理。

---

2 Multi-Factor Authentication，一種加強帳戶安全的方法，使用者須提供2種或以上不同類型的驗證方式。

3 搞定資料分析和報告

　　DeepSeek 不僅能幫你處理簡單的資料任務，還能完成從銷售趨勢分析、資料視覺化到生成商業報告等複雜工作。無論是日常 Excel 處理、市場研究，或企業資料決策，它都是一個得力助手。

功能亮點

　　銷售資料趨勢分析：識別關鍵成長動能、季節性波動和市場潛力，生成視覺化報告。

　　財務報表分析：自動分析企業利潤、成本構成，根據數據做出決策。

　　市場分析：基於現有資料，找出客戶需求變化、產品表現以及競爭優勢。

　　資料整理與淨化（cleaning）：將雜亂的資料整理為結

構化格式,並去除冗餘或異常值。

➢ 案例 1:不會寫趨勢報告?DeepSeek 幫你搞定!

場景描述:你有一份 Excel 檔,包含過去兩年的產品銷售資料,想知道哪些產品成長最快、哪個季度表現最突出。

範例指令 我有一份 Excel 資料,裡面是 2023 年到 2024 年的銷售資料。請幫我分析銷售趨勢,並總結關鍵成長點。

生成範例:

銷售趨勢分析報告

總銷售額趨勢:2024 年總銷售額較去年同期成長 18%,主要成長來自第 4 季度的促銷活動。

關鍵成長動能:

- 產品 X:在電商通路成長了 35%,貢獻比例占整體成長的 50%。
- 地區分析:東部市場成長 22%,是成長最快的地區。
- 節日促銷:雙 11 和耶誕節期間的銷量占全年的 40%。

推薦策略:

- 增加針對東部市場的廣告投放預算。
- 擴大第 4 季度促銷活動,並引入會員折扣策略。

視覺化結果:DeepSeek 自動生成的折線圖、柱狀圖,幫助你清楚了解不同的產品和地區的表現。

➤ 案例 2：自動生成視覺化報表，財務資料分析好簡單！

場景描述：你需要分析公司的季度利潤和成本資料，找出盈利的因素。

範例指令 我有一份季度財務資料，包括收入、成本、利潤，請幫我分析影響盈利的關鍵因素，並用圖表展示。

生成範例：

財務分析報告

總利潤情況：

- 第1季度利潤率為25%，但第2季度下降到18%。
- 成本上升是主要原因，特別是原材料成本上漲15%。

關鍵影響因素：

- 原材料成本：由於供應鏈不穩定，導致生產成本大幅上升。
- 行銷費用：在新市場的廣告投入增加但轉換率較低。

AI生成圖表：

- 利潤與成本的季度趨勢圖。
- 原材料與廣告投入占比的圓餅圖。

推薦策略：

- 最佳化供應鏈，考慮本地供應商以減少物流成本。
- 重新評估新市場廣告策略，優先將資源集中於高成效通路。

4 市場行銷的必備武器

在商業競爭日益激烈的時代,市場行銷已經成為決定企業成敗的關鍵環節。一個好的市場行銷策略不僅能精準觸及目標使用者,還能直接推動銷售成長,甚至塑造可持續發展的品牌價值。然而,在這個講究速度與創意的領域,落後一步就可能錯失市場機會。

DeepSeek 正是幫助你快速、精準、有效率的執行行銷任務的利器。從市場研究、品牌策劃、社群媒體經營到廣告文案、行銷策略制定,它都能為你提供有力支援,成為企業提升行銷能力的祕密武器。

無論你是策劃一場大規模的品牌活動,還是需要為小紅書、TikTok 等社群平臺製作引流內容,DeepSeek 都能幫你快速生成實用的方案,讓你在行銷戰場上始終快人一步。

市場研究報告:快速獲取多角度的市場洞察,包括消費者行為、產業趨勢、競品分析等,為決策提供科學依據。

品牌文案與廣告創意：生成具有吸引力的品牌故事、產品廣告語和社群平臺文案，讓你的內容更具傳播力。

行銷策略建議：根據你的產品特點、目標市場和預算，DeepSeek自動生成具體的行銷方案，比如線上線下聯動策略、短期引流計畫等。

高效率行銷？你需要 DeepSeek！

降低行銷成本：傳統市場調查和文案創作需要花費大量時間和人力，而DeepSeek能快速完成，節省資源。

提升內容品質：精準分析用戶需求，生成符合平臺特性的創意內容，幫助品牌更容易拓展受眾。

即時調整策略：根據最新資料，DeepSeek能隨時最佳化行銷策略，讓你的推廣活動更具效果。

總之，市場行銷的本質是爭奪用戶心智，而DeepSeek就是讓你在這場競爭中更快、更準、更有創意的利器。無論你是首席執行官還是市場部負責人，善用AI提升行銷效能，才能抓住未來的商業機會。

➢ 案例1：生成一份市場研究報告

場景描述：你需要準備一份關於2024年短影音行銷趨

勢的研究報告，用於市場分析和團隊彙報。

範例指令 請幫我寫一份關於2024年短影音行銷趨勢的市場研究報告，目標市場是中國，字數1,000字。

生成範例：

2024年中國短影音行銷趨勢研究報告

趨勢1：品牌與使用者共創內容

使用者生成內容（User-Generated Content，簡稱UGC）正成為短影音平臺的主流趨勢，品牌透過鼓勵用戶參與挑戰、分享體驗，提升用戶黏著度。例如，TikTok「全民挑戰賽」成為品牌推廣的重要工具。

趨勢2：AI個性化推薦

短影音平臺利用AI演算法分析使用者行為，為其推薦客製化內容。這不僅增加了用戶停留時間，也幫助品牌精準觸及目標受眾。

趨勢3：直播短影音一體化

2024年，直播與短影音的結合將更加緊密，品牌可透過短影音流量導入直播間，提升轉換成效。

資料提供：

• 2023年中國短影音廣告市場規模已達人民幣3,000億元，較去年同期成長25%。

• 45%的使用者表示，他們在觀看短影音時會主動點擊

品牌連結或活動頁面。

結論與建議：品牌應重點投資 AI 個性化行銷、UGC 活動和直播互動，以最大化用戶滲透率和轉換率。

➤ 案例 2： AI 幫你做社群媒體行銷

場景描述：你需要發布一支短影音，用於推廣「AI 提高工作效率」的主題。

範例指令 幫我寫一篇 TikTok 短影音的文案，主題是如何用 AI 提高工作效率，風格要幽默風趣，帶一點懸念。

生成範例：

標題：「你還在手動整理 Excel？難怪工作效率低！」

文案內容：[開場畫面] 鏡頭對準一張堆滿混亂文件的桌子，主人公愁眉苦臉，背景音樂略顯焦慮。

[轉場] AI 工具出現，畫面突然變得清爽，自動化資料整理、郵件回覆、PPT 生成迅速完成。

配音旁白：「你有沒有想過？你每天花在重複任務上的時間，可以讓 AI 來搞定。整理表格？AI 一秒完成。寫報告？AI 替你生成。今天的效率祕訣已經不再是加班，而是——用對 AI 工具！」

結尾懸念：「還在等什麼？追蹤我們，教你下載一個爆紅 AI 工具！」

配文：評論區留言，你最想讓AI幫你做什麼？

結果：生成的文案既有情節設計，也能引發用戶互動，符合TikTok平臺的傳播邏輯。

➤ 案例3：品牌文案策劃與廣告語生成

場景描述：你在策劃一個新產品的廣告語，目標是吸引年輕使用者，並強調產品特點。

範例指令　幫我寫3段目標為20歲至30歲年輕用戶的品牌廣告語，產品是一套AI學習助手。

生成範例：

- 學得快，懂得多，AI助手讓學習變簡單！
- 你的AI專屬教練，隨時解鎖新技能。
- 跟上時代的步伐，用AI打造你的專屬知識庫。

進一步擴展：根據產品定位，還可以產出長篇文案、宣傳標語或搭配行銷活動的文案。

第 2 章　進階版玩法

5　打造有層次感的流量文案

想寫出既有故事又有情感共鳴的流量文案？DeepSeek 是你最好的創作搭檔，不過你需要用對方法。簡單一句指令的效果可能有限，但如果你能學會拆解任務、設定場景、提供範例，它將幫你生成爆紅文案，效果絕對超出預期。

拆分任務，創造文案層次感

我的文案之所以吸引人，是因為擅長用層次感講故事——從故事引入到情感共鳴，再到反轉結尾，每一步都精心安排。如果你想用 DeepSeek 達到類似效果，可以把寫作任務拆解成幾個步驟來完成。

故事背景：先讓 AI 生成一個吸引人的開頭，比如「講一個二十多歲女性在職場受挫但谷底翻身的故事」。

情節轉折與共鳴：接著，指示 AI 描述她如何在 AI 的幫

助下找回信心並谷底翻身,引起讀者的情感共鳴。

標題與結尾:最後,讓 AI 根據內容生成一個吸睛的標題,比如「逆風翻盤,從 AI 中找到的第二人生」。

`範例指令` 先講一個普通人職場失敗的故事,引發讀者共鳴;再描述如何透過 AI 谷底翻身;最後總結全文,生成一個標題。

`錯誤舉例` 寫一篇有流量的職場文案。(太廣泛,難以得到有層次感的內容)

讓 AI 角色扮演,文案更符合需求

DeepSeek 的另一大優勢是可以根據不同的角色需求調整語言風格、語氣和邏輯。如果你想要生成跟我風格類似的流量文案,可以讓 AI 扮演一個「勵志作家」或「小紅書關鍵意見領袖(Key Opinion Leader,簡稱 KOL)」,效果會更符合目標平臺和讀者群。

`範例指令` 你是一個擅長寫勵志故事的小紅書達人,模仿李尚龍的敘述風格,寫一篇關於用 AI 改變人生的小紅書文案。

`錯誤舉例` 寫一段關於 AI 幫助人逆勢翻身的文案。(沒有設定身分,AI 可能無法抓住平臺特點)

`最佳做法` 你是一個小紅書KOL，專注於分享普通人逆境翻身的故事，用李尚龍的敘述風格寫一篇關於AI如何改變命運的小故事。

提供真實案例，效果事半功倍

　　我的文案成功之處在於有情感共鳴和真實細節，給人「這就是我身邊的人」的感覺。你可以提供幾段範例文案，讓DeepSeek模仿這種風格進行創作。

　　`範例指令` 請模仿下面這段文案的風格，寫一個類似的故事。

　　`範例文案` 小王只是個普通的上班族，日復一日的被同樣的生活困住，直到他用AI幫他找到透過副業賺錢的機會，一年後收入翻倍。他說：「我以為AI只是個工具，後來發現它改變了我整個人生。」

　　`最佳做法` 模仿上面李尚龍式的故事結構，寫一個普通人如何用AI改變人生的案例。

　　`錯誤舉例` 寫一段AI改變人生的文案。（過於簡單，AI無法抓住細節和情感）

　　總之，用對方法，DeepSeek就能成為你打造爆紅流量的最佳助手。

> **小撇步**
>
> （1）任務拆解：
> 　　將複雜的寫作任務分成幾步，引導 DeepSeek 分階段輸出有層次的內容。
> （2）設定角色：
> 　　告訴 DeepSeek 它要扮演什麼身分，比如「市場專家」或「勵志作家」，讓它更容易進入狀態。
> （3）提供範例：
> 　　用真實的文案範例引導 DeepSeek 模仿，確保輸出的內容既能引起共鳴又生活化。
> 　　具體化需求：明確告訴 DeepSeek 你需要什麼風格、目標和平臺，不要問得太籠統。

案例實作：用精準答案，創造爆紅流量

想要讓 DeepSeek 給出真正有價值、能帶來流量的答案？DeepSeek 可以幫你輕鬆實現，但前提是你需要懂得如何提問。普通的提問很難引導 AI 深入思考，但如果你能在問題中提出明確的場景、需求、關鍵點，DeepSeek 將會給你提供超出預期的結果。

➤ 案例1：生成市場分析

以電商產業為例。

普通指令 請幫我分析電商產業的趨勢。（不夠精準）

結果可能是內容籠統模糊，比如「電商成長迅速」、「各大平臺競爭激烈」，缺乏深度和關鍵資料。

改寫後指令（更精準）：

請以2024年中國市場為背景，分析電商產業的發展趨勢。重點聚焦以下方面：

- 直播電商、社群電商的影響力。
- AI在電商中的應用（如智慧推薦、庫存管理等）。
- 提供關鍵資料或案例。

DeepSeek能夠生成更高品質的結果，正是因為這類精準指令具備三項關鍵特點：明確的市場範圍（例如聚焦在2024年的中國）、清晰的分析角度（如直播電商、社群電商、AI技術的應用），以及明確要求資料提供，從而讓回應內容更具體、有說服力。

生成範例：

- 2024年電商市場格局演變：AI驅動的精準推薦成為用戶購物體驗的關鍵，直播電商繼續爆發式成長……

- 實際資料引用：2024年，某知名電商平臺直播銷售額較去年同期成長35％，AI庫存管理幫助品牌商減少20％供應鏈成本。

➢ 案例2：寫社群媒體文案

普通指令 幫我寫個產品推廣文案。（不夠精準）
結果可能是普通廣告語，缺乏吸引力和切合重點。

改寫後指令（更精準）：
你是一位專業品牌文案策劃師，現在幫我寫一篇適合小紅書的護膚品推廣文案，目標受眾是18歲至25歲的女性，風格輕鬆、幽默。

在這種情況下，像DeepSeek這類工具會根據小紅書的內容生態，選擇更符合平臺語言的輕鬆互動風格，例如以故事或幽默的方式切入，減少生硬的廣告感，讓內容看起來像是真實使用者的分享。同時，也會根據受眾需求量身打造文案內容，吸引年輕使用者。

生成範例：

熬夜女孩的救星！昨晚追劇到凌晨，今天肌膚還想「續命」？別擔心，這牌小眾護膚神器用AI科技鎖水修護，熬夜

臉秒變水嫩少女肌！

➤ 案例引申：如何用 DeepSeek 改善自媒體選題

普通指令 幫我寫一篇關於在生活中應用 AI 的小紅書文案。（不精準）

DeepSeek 可能會生成很普通的文案，比如「AI 能幫你學習、工作和娛樂」，沒有新意，流量自然也不高。

改寫後指令（更精準）：

你是一個自媒體達人，幫我寫一篇小紅書文案，目標人群是 20 歲至 30 歲的年輕上班族，主題是「在副業中應用 AI」。內容主要包含以下幾點：

- 吸睛的開頭故事（可以是逆境翻身案例）。
- 具體的副業機會（如寫作、導購、短影音製作）。
- 結尾要有號召力，引導用戶參與討論。

DeepSeek 之所以能寫出更好的文案，是因為它能根據明確指令符合受眾與內容需求。例如，當指定目標是「20 歲至 30 歲的上班族」，它會用貼近這族群語氣與關注點的方式撰寫內容；若進一步設定文章結構，如「開頭故事、介紹副業、最後呼籲行動」，文案就更有層次也更具說服力。

主題明確也讓內容更聚焦，更容易引起共鳴與互動，這

正是 DeepSeek 在文案生成上表現突出的關鍵。

生成範例：
「90後」普通女性如何用 AI 賺到第一筆 10 萬元？
開頭故事：
小李是一名普通的公司職員，薪資普通。她透過 AI 工具來寫作，經營小紅書，一年內副業收入超過主業！她說：「AI 不是工具，是我人生的轉捩點。」
副業機會推薦：
- 用 AI 寫作助手接單短篇故事。
- 用 AI 剪輯工具製作短影音。
- 用 AI 選品助手導購。

結尾引導：
「你的副業機會在哪裡？AI 可以幫你發現更多可能！」

總而言之，寫文案就該遵循以下 3 點：
- **給出明確的提問場景**：告訴 AI 具體的應用場景和目標，不要說得太籠統。
- **最佳化指令結構**：將需求分步驟拆解，幫助 AI 理解關鍵任務。
- **引導 AI 深入思考**：透過提供目標受眾、風格、關鍵

細節等,讓 AI 生成符合需求的高品質內容。

總之,用好 DeepSeek,它會成為你手中的「精準創意機器」。

6 智能程式設計助手

　　DeepSeek Coder是專為程式設計師和開發者打造的程式碼助手，提供多種程式語言（Python、JavaScript、C++等），不僅能自動生成程式碼，還能協助改善效能、修復Bug，大大提高開發效率，特別適合初學者和資深開發者應用在日常工作中的不同需求。

工程師福音

　　自動生成程式碼：你只須提出需求，DeepSeek Coder就能生成完整的程式碼片段或模組。
　　程式碼最佳化：檢查現有程式碼中的效能瓶頸，提供更有效率的解決方案。
　　Bug修復與除錯：快速找到程式碼中的錯誤並給出修復建議。

跨語言轉換：可以將程式碼從一種程式語言自動轉換為另一種程式語言，例如從 Python 轉到 Java。

➤ 案例 1：自動生成 Python 爬蟲程式碼

場景描述：你需要一個爬蟲程式[2]來自動抓取新聞，但不確定從哪裡開始寫程式碼。

範例指令 請用 Python 語言寫一個抓取某網站最新新聞的爬蟲。

生成範例：

import requests

from bs4 import BeautifulSoup

def get_latest_news(url):

    response = requests.get(url)

    if response.status_code == 200 :

        soup = BeautifulSoup(response.content, 'html.parser')

        # 假設新聞標題在 <h2> 標籤中

---

2 可自動抓取網路資料的機器人。

```
        news_titles = soup.find_all('h2')
        print("最新新聞標題：")
        for title in news_titles[:5]:  # 只顯示前5則新聞
            print(title.get_text())
    else:
        print(f"請求失敗，狀態碼：{response.status_code}")

# 調用函數
get_latest_news('https://example-news-website.com')
（需在特定條件下執行）
```

以上程式碼，AI自動生成了一個簡單、直接、可執行的爬蟲程式，並考慮了基本錯誤處理。你只須根據網站結構調整部分標籤定位即可使用。

▶ 案例2：最佳化已有程式碼，提升執行效率

場景描述：你寫了一段程式碼，但執行速度很慢，想要提高效能。

範例指令 以下是我的Python程式碼，它執行得很慢，請最佳化程式碼，提高執行效率。（然後貼上程式碼）

範例原程式碼：

nums = [i for i in range(1000000)]

squares = []

for num in nums:

   squares.append(num**2)

改寫後：

nums = [i for i in range(1000000)]

squares = [num**2 for num in nums]
# 使用列表推導式提高效率

改寫建議：

• 列表推導式比傳統的 for 迴圈更有效率，因為它在底層做了效能最佳化，適合大規模資料處理。

• AI 還會告訴你，這種方法在執行上可節省30％以上的執行時間。

➤ 案例 3：自動修復 Bug

場景描述：你在執行程式時遇到錯誤，提示「IndexError: list index out of range」，但找不到具體原因。

範例指令 請幫我修復這段 Python 程式碼中的錯誤。

第 2 章　進階版玩法

（貼上出錯程式碼）

範例原程式碼：

my_list = [1, 2, 3, 4]

print(my_list[4]) # 訪問越界索引

修復後：

my_list = [1, 2, 3, 4]

if len(my_list) > 4:

　　print(my_list[4])

else:

　　print(" 索引超出範圍，請檢查列表長度。")

以上程式碼，AI 檢測並修復了索引越界的問題，透過添加條件判斷避免程式崩潰，同時給出除錯建議。

> **案例 4：跨語言程式碼轉換**

場景描述：你有一段 Python 程式碼，需要將其轉換為 Java 版本。

範例指令 請將下面的 Python 函數轉換成 Java 程式碼。

Python 原程式碼：

def greet(name):

```
    return f"Hello, {name}!"
```
生成範例：
```
public class Greet {
    public static String greet(String name) {
        return "Hello, " + name + "!";
    }

    public static void main(String[] args) {
        System.out.println(greet("Alice"));
    }
}
```

◆ **擴展玩法**

自動化測試主要是根據需求自動生成最小功能單位測試案例，確保程式碼穩定性。

安全性漏洞檢測主要是檢查程式碼中的安全隱患（如 SQL 注入、未處理的異常等），並提供修復建議。

程式碼文件生成主要是自動為函數、類別（class）和模組生成注釋，方便團隊協作。

第3章

比你自己更懂你

到目前為止,我們已經學會DeepSeek的基礎操作,也掌握了一些進階玩法,比如寫作、翻譯、程式碼生成、資料分析等。

但是,你可能會問:
- DeepSeek 可以更符合我的需求嗎?
- 如果我想把 AI 整合到團隊協作工具裡,應該怎麼做?
- 有沒有更進階的玩法,比如 API 調用?

答案是:可以。

下面我們就來探索 DeepSeek 的「深度定制」玩法,讓 AI 真正變成你的私人助手,甚至能與你的團隊、工具無縫協作。

1 有些資料不能提供給AI

很多時候，你會發現與AI的對話越多，它就越能精準理解你需要什麼。你甚至可以「反向提問」：「在和我這麼多次溝通中，你最了解我哪些習慣或需求，是我自己都沒意識到的？」

這個問題不僅能讓AI給出意想不到的回饋，還能幫助你發現潛在的改進方向，充分利用AI提升效率。

設定長期記憶，讓AI記住你的需求

和人類助手一樣，DeepSeek可以透過長期記憶逐漸熟悉你的工作方式、職業需求和偏好，避免每次重複輸入同樣的資訊。想像一下，如果AI一開始就知道你的背景、常用語言風格、偏好的解決方案，那麼它每次的回答都會更貼近你的需求。

➢ **為什麼長期記憶很重要**

　　減少重複輸入：你不需要每次對話都告訴它你是做什麼的、喜歡什麼風格。

　　更貼合你的需求：AI 會根據你提供的背景資訊，生成更客製化的答案。

　　個性化理解：越多的互動會讓 AI 越了解你的工作模式，甚至可以提前預判你想要的東西。

➢ **你可以讓 AI 記住什麼**

　　① **你的職業和工作背景**

　　例如：「我是一名市場行銷顧問，主要負責品牌推廣和客戶分析。」

　　② **你的產業和領域**

　　例如：「我的工作產業是科技領域，我特別關注短影音平臺的行銷趨勢。」

　　③ **你的風格偏好**

　　例如：「我喜歡簡單直白的回答，少用專業術語。」、「如果涉及市場資料，請提供相關的圖表或範例。」

　　④ **長期目標或專案**

　　例如：「請記住，我的長期目標是提升品牌在 TikTok 和小紅書上的影響力。」

有些東西它不能知道

雖然 DeepSeek 能透過長期記憶提供更精準、更個性化的回答，但我們也需要注意到，有些資訊涉及隱私或敏感內容，不宜讓 AI 儲存或記錄，尤其是孩子使用的時候。下面列出一些你需要慎重對待、最好不要提供給 AI 的資訊。

個人敏感資訊：
- 身分證號碼、護照號碼、健保卡號碼
- 銀行卡號、密碼、帳戶資訊
- 醫療紀錄、體檢報告等健康資料

這些資訊一旦洩露，可能被駭客或不安全的平臺利用，從而帶來財產和隱私風險。

公司機密和商業敏感資訊：
- 公司內部財務資料（利潤、預算、銷售額）
- 核心競爭策略、未公開的商業計畫
- 與客戶、合作夥伴簽訂的保密合約內容

涉及公司內部機密的內容一旦外泄，可能對公司造成嚴

重的損失。

個人的隱私生活：
- 家庭住址、個人行程安排
- 親密關係、私人感情生活
- 與朋友或家人的聊天內容

這些涉及個人隱私的資訊可能會被不法分子利用，導致人身和財產風險。

政治或法律敏感資訊：
- 政治立場或敏感話題的詳細討論
- 涉及法律糾紛、案件相關的私人資訊
- 涉及國防、國家機密等特殊領域的資訊

這些敏感內容可能會引發誤解、法律風險或安全問題，特別是在一些嚴格監管的領域。

帶有私人情緒或負面評價的資訊：
- 對同事、上司、合作夥伴的負面評價
- 過於私人化的情緒或壓力宣洩

- 未經過深思熟慮的觀點或評論

這些負面情緒或負面內容一旦被記錄，可能會在後面的生活中被 AI 誤用。

➢ **如何保護你的隱私？**

使用安全平臺：確保你使用的 AI 平臺具備資料加密和隱私保護措施。

定期清理資料：定期刪除 AI 儲存的歷史紀錄，降低資訊被洩露的風險。

個性化回答固然重要，但保護隱私更重要。在使用 AI 時，懂得取捨、謹慎分享，讓 AI 成為你的「助手」，而不是「風險」。

如何有效利用長期記憶

DeepSeek 是透過「記住並理解你的需求」來提高回答的精準度。它背後的邏輯很簡單——當你輸入特定的自訂設定時，AI 會將這些資訊儲存到它的長期記憶系統中，類似於人類大腦的長期記憶區。下次當你提出新問題時，AI 會自動參考這些記憶內容來調整答案，讓回答更貼近你的實際

需求。

➤ 操作步驟簡單明瞭

第1步,進入 DeepSeek 介面。

第2步,輸入你希望 DeepSeek 記住的背景資訊或需求指令。

第3步,按確認鍵,開始使用。

範例指令 請記住,我是一名市場行銷顧問,我需要你提供商業分析、品牌推廣策略、社群媒體文案建議。

➤ AI 長期記憶背後的技術解釋

DeepSeek 會將你在自訂設定中輸入的指令存入它的長期記憶儲存模組,這個模組的原理類似於資料庫中的使用者偏好資料表。當你輸入問題時,AI 會透過背景匹配演算法掃描它的長期記憶,將你的需求和問題進行語義連結,然後根據你提供的上下文資訊生成更具體的回答。

簡單來說,它就像一個「智慧助理」,一邊學習你的習慣,一邊持續調整它的服務。

① 範例效果

提問 幫我分析一下2025年的短影音行銷趨勢。

生成範例：

作為一名市場行銷顧問，我建議你應該特別關注以下幾個重點：

AI推薦演算法在短影音中的應用：未來用戶喜歡什麼，AI可以提前捕捉，幫助品牌更精準投放廣告。

使用者生成內容的互動策略：鼓勵使用者參與內容創作是保持品牌熱度的重要手段。

直播導購的整合行銷：短影音和直播的聯動效應將在2025年持續成長，建議探索多平臺聯動策略。

② 技術解析：AI如何根據你提供的背景改善回答

當你輸入問題時，DeepSeek的上下文處理器會做以下3件事：

背景掃描：它會掃描之前儲存的長期記憶，判斷你是市場行銷顧問，並提取相關資訊，比如你關注品牌推廣、社群媒體等領域。

語義連結：它透過語義匹配模型將你的問題（短影音行銷趨勢）與之前的記憶連結起來，分析哪些行銷領域與你的需求最匹配。

結果最佳化：它結合當前的問題和你之前的背景資訊，生成更個性化、符合你職業需求的回答。比如直接推薦短影

音的最新 AI 應用和整合行銷策略,而不是粗略含糊。

➢ 為什麼長期記憶能明顯提高效率

無須重複輸入:無須每次都解釋你的背景,AI 會自動記住並調整。

提升回答精準度:AI 會根據你的職業和需求,篩選出更相關的答案。

節省時間:不用再篩選大篇幅的回答,AI 會直接告訴你最有用的資訊。

例如:如果你是一名市場行銷顧問,AI 不會給你「短影音基礎介紹」,而是直接輸出市場策略、用戶提升方法和產業趨勢。

➢ 擴展應用場景

創作者或部落客:記住你的文案風格、目標受眾等,AI 能直接生成符合你的品牌調性的內容。

`範例` 記住「我的目標使用者是 18 歲至 25 歲的女性,喜歡輕鬆幽默的風格」(AI 會自動調整小紅書或 TikTok 文案的語氣和風格)

學生或研究者:記住你研究的領域、專業術語,AI 會在回答學術問題時自動引用相關術語或推薦學術資源。

範例 記住「我研究的是 AI 在醫療領域的應用」（再提問時，AI 會根據你的領域提供更專業的分析和參考文獻）

企業管理者：記住你的公司關注的關鍵績效指標（Key Performance Indicator，簡稱 KPI）、市場資料、目標使用者等，AI 會在回答商業問題時自動篩選出對你有幫助的資料。

範例 記住「我們正在拓展市場，目標使用者是我國北方地區 18 歲至 35 歲的年輕消費者」（AI 會自動調整推廣策略的建議）

透過長期記憶功能，DeepSeek 不再只是簡單回答問題，而是逐步「了解你、熟悉你」，讓每一次回答都更有深度、更貼近你的實際需求。使用好這個功能，你就可以徹底告別「不知所云的回答」，讓 AI 成為你高效率工作的得力助手。

一舉一動更像你

DeepSeek 不僅能透過長期記憶了解你的背景和需求，還能透過個性化指令和風格模仿，讓它變得更像你的分身。無論你需要嚴謹的學術報告、幽默的社群媒體文案，還是精煉的商業分析，它都能快速整合，減少溝通和修改的時間。

可以客製的部分是：

回答風格

- 正式風格：適合學術或商務場合。
- 輕鬆幽默：適合小紅書、TikTok等社群媒體。
- 邏輯嚴謹：適合複雜的問題或技術分析。

回答方式

- 詳細講解：層層剖析，適合新手或需清楚理解思考邏輯的情況。
- 簡潔總結：適合時間有限，需快速獲取直白答案的場景。
- 逐步拆解：將複雜的問題分解為易懂的步驟。

專業度要求

- 學術型：提供嚴謹的資料、文獻。
- 生活實用型：結合實際場景提出簡單易行的建議。
- 產業專家型：針對具體產業提供深度分析和建議。

範例指令

「請你用輕鬆幽默的風格回答我的問題，但保證內容有深度。」

「請用3點總結的方式回答，不要超過100字。」

第 3 章　比你自己更懂你

「回答市場行銷問題時，請提供實際案例。」

AI 會根據你的指令自動調整回答風格，讓你快速獲得符合需求的內容。

2 讓團隊效率翻倍

不論你是團隊管理者、自由職業者或者公司員工,都可以把DeepSeek當作一個「虛擬助理」,因為它可以幫助你改善團隊協作方式,提升工作效率。

節省時間:你不需要手動整理會議筆記或發送通知,AI幫你自動完成。

減少錯誤:AI自動生成內容,不容易遺漏或出錯。

智慧任務分配:AI可以根據團隊成員的技能、角色和歷史任務完成情況,提供任務分配建議,幫助團隊改善工作流程。

以下提供幾種將AI整合進工具中的做法。

Notion:幫你整理檔案,自動生成筆記

Notion是一種團隊知識管理和筆記工具,但需要依靠

手動整理大段會議紀錄、文件筆記，容易耗費大量時間。DeepSeek可以幫你自動提煉要點，快速生成總結，讓筆記更加簡潔明瞭。

範例指令 1 請將這段會議紀錄整理成3個核心要點和3件待辦事項。

輸入的會議紀錄：

- 討論了新產品開發計畫，確定了使用者介面（User Interface，簡稱UI）設計、市場推廣策略和預算安排。
- 張三負責UI設計，李四負責市場調查。
- 下週一需要提交初稿設計。
- 李五提到了一些潛在的市場合作機會。

生成範例：

會議要點總結

- 新產品UI設計、市場推廣策略已確定。
- 負責人員：張三（UI設計）、李四（市場調查）。
- 初稿提交時間：下週一。

待辦事項

- 張三：UI設計初稿
- 李四：完成市場調查並提交報告
- 李五：跟進潛在合作夥伴

第 3 章　比你自己更懂你

範例指令 2 幫我總結這篇 1,000 字的文件，生成一段 100 字的簡介。

AI 會根據指令提煉出文件的核心內容，生成清晰的摘要，讓你快速掌握重點。

Slack：自製團隊聊天機器人

Slack 是團隊溝通的重要平臺，但繁瑣的日常通知、重複性問題會占用大量時間。DeepSeek 可以作為 Slack 聊天機器人，幫助你自動發送提醒、解答團隊問題。

範例指令 1 請幫我寫一封 Slack 通知，提醒團隊明天下午 3 點開會。

生成範例：

會議通知

大家好，明天下午 3 點將在會議室 A 舉行產品開發討論會，請按時參加並準備好相關資料。

附：會議連結、議題清單

範例指令 2 幫我在 Slack 中回覆團隊成員的提問：「如何用 AI 工具提高工作效率？」

生成範例：

大家好，可以嘗試使用以下方法來提升工作效率：
- DeepSeek 生成文件總結、自動整理資料。
- 使用 AI 工具改善程式碼、生成自動化報告。
- 在協作工具中整合 AI，節省團隊分配任務的時間。

小技巧：
- 可以在 Slack 中為 AI 創建一個固定的「幫手頻道」，團隊成員隨時提問，AI 自動解答。

Trello：生成任務清單，自動分配任務

Trello 是常用的專案管理工具，但手動分配任務、撰寫說明可能比較繁瑣。DeepSeek 可以在 Trello 中透過整合的方式提供智能輔助，按指令生成任務清單，將任務智能分配給不同的成員，並附上截止日期和優先順序。

範例指令 1 請根據這段會議紀錄生成一張任務清單，並分配任務。

輸入的會議要點：
- 產品 UI 設計須在 2 週內完成。

- 市場調查須下週提交報告。
- 文案團隊負責推廣方案。

生成範例：

任務 1：UI 設計初稿

負責人：張三

截止日期：2 週內

優先順序：高

任務 2：市場調查

負責人：李四

截止日期：1 週內

優先順序：高

任務 3：推廣方案文案

負責人：王五

截止日期：3 週內

優先順序：中

MidJourney：文案＋視覺，打造爆紅品牌內容

　　DeepSeek 負責生成行銷文案，而 MidJourney 負責根據文案提示，生成配套的視覺內容，形成有效率的創意流程，快速生成引流文案與視覺海報，助力品牌打破創意瓶頸。

➢ **合作場景範例 1：社群媒體廣告**

　　第1步，用 DeepSeek 製作社群媒體文案。

　　範例指令 幫我生成一篇關於 AI 科技產品的小紅書文案，目標人群是18歲至25歲的年輕女性，風格輕鬆有趣。

　　生成範例：

　　● 超未來科技！新一代 AI 智慧設備解放雙手，邊煮咖啡邊完成任務，真正讓妳生活效率翻倍！

　　第2步，用 MidJourney 製作配圖。

　　範例指令 製作一張關於 AI 科技生活的配圖，畫面內容包括咖啡機、智慧助手、溫暖的室內環境。

　　生成範例：

　　● 一張極具溫馨感和科技感的圖片，配合文案在小紅書或 TikTok 上發布，以吸引更多流量。

> **合作場景範例 2：品牌發表會創意**

DeepSeek：生成發表會活動文案、邀請函和新聞稿。

MidJourney：製作發表會的視覺概念圖、產品展示圖片、現場宣傳資料。

效果：視覺和文案協調統一，品牌形象一致性更強。

Sora：更精準的市場策略

Sora和DeepSeek的結合，可以從資料分析到策略生成，為企業提供精準的市場洞察與行銷策略建議，適用於市場研究、產品定位、使用者行為分析等場景。

> **合作場景範例 1：市場趨勢分析報告**

第1步，Sora結合公開市場數據和企業數據，自動產出市場洞察報告。

範例指令　請分析2024年短影音平臺在18歲至25歲用戶之間的成長趨勢，須包括使用者活躍度、內容偏好和平臺分布。

生成範例：

- 2024年短影音使用者成長20％，Z世代[1]用戶偏好娛樂

和輕鬆幽默的內容。

- 某平臺用戶日均使用時長高於產業平均值15%。

第2步,用DeepSeek生成分析報告和行銷策略。

範例指令 根據Sora提供的資料,為品牌生成一份客群為年輕使用者的短影音平臺行銷策略。

生成範例:

短影音內容製作策略為,優先考慮短節奏、有互動感的內容。

平臺選擇建議為,重點投放於用戶日均停留時間更長的平臺。

KOL合作策略為,尋找擅長娛樂、話題輕鬆的達人進行聯動推廣。

➢ 合作場景範例2:產品推廣和消費者回饋分析

第1步,用Sora收集消費者回饋資料:分析使用者對產品的評價、常見問題和關注點。

第2步,用DeepSeek撰寫美化文案和改進建議:

---

1 1990年代末至2010年代初期出生的人。

• 生成符合目標的產品推廣文案,強調使用者回饋中提到的產品優勢。

• 提出產品升級方案或使用者引導策略,提高用戶滿意度。

範例指令 請幫我生成一份產品發表計畫的任務清單,分為3個階段。

生成範例:

階段1:前期準備

• 產品定價和包裝設計

• 市場調查和用戶訪談

階段2:行銷推廣

• 制定行銷計畫

• 設計社群媒體宣傳資料

階段3:上線發表

• 安排上線時間

• 追蹤用戶回饋和市場反應

總之,AI在協作平臺上有以下優勢:

有效率的整理資訊:製作會議紀錄、文件總結,大幅節省時間。

智能通知和提醒：自動發送會議通知、任務提醒，減少人工作業。

任務清單與分配：自動產生清單並分配任務，改善團隊協作流程。

用一句話總結就是，將 AI 整合到團隊協作工具中，你就可以大幅提升工作效率，讓溝通、任務管理和資料整理更簡單。

> **小撇步**
>
> （1）如何將 AI 整合到工具中
> Notion：在 Notion 中整合 AI 外掛程式，或透過 API 介面調用 DeepSeek 提供的生成功能。
> Slack：打造一個專屬 AI 機器人，透過 Webhook（一種主動通知機制）或 AI 外掛程式連接 Slack 頻道，即時接收和回應指令。
> Trello：在 Trello 中連接 AI 助手外掛程式，或透過 Zapier 這樣的自動化工具整合 DeepSeek 和 Trello。
>
> （2）使用範本提高效率
> 針對常見任務（例如會議總結、任務分配、通知發送等），你可以建立 AI 指令範本，快速調用，無須每次重新輸入。

3　讓開發者玩出新花樣

　　DeepSeek 不只是一個「現成的 AI 工具」，它透過 API 介面，可以為開發者提供靈活的二次開發能力。無論你想建構智慧客服系統、自動化資料分析工具，還是個性化推薦應用，DeepSeek API 都可以讓 AI 成為你應用的一部分。

　　為什麼要用 DeepSeek API？

　　● **靈活調用**：你可以在自己的系統中調用 AI 功能，比如生成內容、回答使用者提問、處理資料等。

　　● **自動化流程**：用 API 讓 AI 自動完成大量重複性任務，比如客戶諮詢、報告生成等。

　　● **客製化輸出**：根據你的需求，設定特定的風格、回答方式，甚至訂製模型訓練。

DeepSeek API 能幫你做什麼？

智慧客服系統：透過 API 調用，讓 AI 自動處理客戶的常見問題，比如下單、退款、產品使用指南等，24 小時全天候服務。

智慧生成內容：用 AI 生成個性化的郵件、產品介紹、社群媒體文案等，大幅提升內容創作效率。

自動化資料整理與報告生成：AI 自動提取、分析資料，並生成簡潔的報告，特別適用於商業分析、市場調查等場景。

怎麼使用？

➤ **場景 1：智慧客服系統**

問題：客戶經常詢問類似的問題，人工客服疲於應付，效率低下。

解決方案：用 DeepSeek API 建立一個自動回覆系統，識別使用者問題並生成相應的答案，幫助客戶快速解決常見問題。

API 調用範例（Python）：

import requests

```
url = "https://api.deepseek.com/v1/chat"
payload = {
  "model": "deepseek-chat",
    "messages": [{"role": "user", "content": "如何退貨？"}]
}
response = requests.post(url, json=payload)
print(response.json())
```

生成範例：

您好，退貨流程如下：

- 登錄您的帳戶並選擇「我的訂單」。
- 找到您想退貨的訂單，點擊「申請退貨」。
- 填寫退貨原因並提交申請。

請注意，部分商品可能需要您承擔退貨運費。

◆ **擴展玩法**

你可以將這個回覆功能整合到你的電商網站中，透過使用者的提問，自動顯示AI生成的答案。

使用關鍵字觸發機制，識別不同類型的用戶需求（如「退款」、「換貨」、「物流」），精準分配AI回覆。

➢ 場景 2：個性化內容生成（郵件、文案、貼文等）

問題：你的市場團隊需要經常寫大量的推廣文案、商務郵件和社群媒體貼文。手工撰寫不僅費時費力，還可能風格不統一。

解決方案：以 API 調用 DeepSeek，自動生成符合品牌語調的內容。

API 調用範例（Python）：

```
import requests

url = "https://api.deepseek.com/v1/chat"
payload = {
    "model": "deepseek-chat",
    "messages": [
        {"role": "user", "content": "請幫我寫一封商務郵件，邀請客戶參加新品發表會"}
    ]
}
response = requests.post(url, json=payload)
print(response.json())
```

生成範例：

主題：誠摯邀請您參加我們的新品發表會

正文：

尊敬的（客戶姓名）：

您好！

我們誠摯邀請您參加（公司名稱）於（日期）舉辦的新品發表會。本次發表會將展示最新的（產品類型），並有專屬的試用體驗和合作洽談機會。

期待您的蒞臨！如有任何疑問請隨時與我們聯繫。

此致

（公司團隊）

- **擴展玩法**

支援多語言：透過 API，AI 可以生成不同語言的郵件或文案，更國際化。

品牌語調客製：你可以讓 AI 模仿你的品牌語調，確保輸出的內容一致。

➤ 場景 3：自動化報告生成與資料分析

問題：手動整理和分析資料費時費力，尤其在需要產出長期報告時，更是難以應付。

解決方案：用 DeepSeek API 自動提取、整理資料，並生成關鍵指標的分析報告。

API 調用範例（Python）：

```python
import requests

url = "https://api.deepseek.com/v1/chat"
payload = {
    "model": "deepseek-chat",
    "messages": [
        {"role": "user", "content": "根據我提供的銷售資料，生成季度銷售趨勢分析報告"}
    ],
    "attachments": [
        {"file": "path/to/sales_data.csv"}  # 附加資料檔案
    ]
}
response = requests.post(url, json=payload)
print(response.json())
```

生成範例：

季度銷售趨勢報告

銷售額趨勢：本季度總銷售額為5,000萬元，較去年同期成長15％。

關鍵產品表現：產品A銷售額占總額的30％，為本季度

表現最好的產品。

區域表現：東部地區成長速度最快，相較去年同期成長了20%。

建議：

- 增加東部市場廣告投放，進一步擴大市場份額。
- 針對表現較弱的產品，調整產品定價策略。

◆ **擴展玩法**

將AI生成的報告自動發送給相關負責人，減少手工整理資料的時間。

整合到商業智慧系統中，讓AI自動生成日報、週報、月報等。

4 DeepSeek的進化之路

在極短時間內,DeepSeek從一個新興的開源大型語言模型迅速崛起,成為業內炙手可熱的AI工具之一。它憑藉低成本、高性能的訓練架構和靈活的應用場景,不僅在中國市場火爆,也引起了眾多矽谷科技公司的高度關注。

為什麼突然紅起來?

2023年發表。DeepSeek的首個版本在中國正式上線,憑藉開源策略和突破性的效能,迅速吸引了各大科技公司和創業者的關注。

2024年全球擴張。最新版本DeepSeek-R1憑藉其媲美GPT-4o的效能和極低的訓練成本,在北美、歐洲等市場迅速擴張,成為許多企業內部使用的AI工具。

2025年大規模商業化。DeepSeek透過整合更多產業專

屬的模組和協力廠商工具，正式進入市場行銷、金融分析、內容創作等專業領域，成為各產業的「必備」工具。

未來還會繼續突破

隨著 AI 技術的不斷發展，DeepSeek 將在以下幾個方向突破：

➢ 更強的記憶功能：成為真正的「長期助手」

DeepSeek 具備一定的記憶能力，能夠在當前會話中保留上下文資訊，並可透過 API 連接外部資料庫，達成更長週期的個性化學習。

未來想像

如果你是一名作家，DeepSeek 會記住你慣用的寫作風格、敘述結構和素材庫。等你下次創作時，它可以直接建議你引用過去的資料或段落。

如果你是市場行銷顧問，它會記住你對某個產業、目標人群的研究結果，並在接下來的新案子中自動為你提供相關分析。

技術解釋：DeepSeek 的長期記憶功能將透過多層次儲存結構實現。其短期記憶用於處理當前任務，長期記憶則透過增量學習機制彈性調整 AI 對使用者的理解，你越常使用，AI 越懂你。

> ➤ **更精準的產業模型：針對不同產業提供客製化解決方案**

DeepSeek 會開發更精準的產業模型，滿足不同產業的特定需求。

未來想像

在金融產業，DeepSeek 可整合外部金融資料來源（例如彭博集團提供的 API 服務）分析市場趨勢，並為金融分析師提供以數據為基礎的輔助決策，但並不會直接提供即時投資建議。

在醫療領域，透過醫學領域的專屬模型，DeepSeek 可輔助醫生整理病例、生成醫學報告摘要，並提供醫學文獻參考，但最終診斷和治療方案必須由專業醫生決定。

在教育產業，DeepSeek 將整合 AI 學習助手模組，幫助學生進行個性化學習，快速掌握複雜概念。

技術解釋：DeepSeek 的產業模型將是以「針對特定子

領域進行深度調整」為核心理念開發，透過大規模產業資料訓練和專家意見回饋，讓模型在不同領域中展現更高的專業性和準確性。

> **更深度的 API 連接：與更多第三方工具無縫對接**

未來的 DeepSeek 將支援更豐富的 API 連接，輕鬆整合到各種應用和工具中。

未來想像

在企業管理系統中，DeepSeek 可以透過 API 自動生成專案計畫、任務分配和進度追蹤報告。

在電商平臺中，AI 能分析銷售資料，預測使用者需求，並自動生成個性化行銷方案。

與 MidJourney 或 Runway 等視覺工具合作，直接將生成的文案與圖片或影片同步輸出，實現全流程自動化。

技術解釋：DeepSeek 的 API 系統將採用模組化架構，允許開發者快速對接不同的工具和資料來源，並透過跨平臺任務調度多系統協同工作。

不只是人手一機,而是「AI無所不在」

未來,AI不只是一個工具,而是「全領域的智慧副手」,融入每個人的日常生活和職業場景,幫助你創造更多價值、提升工作效率。

未來想像

作為日常生活助手,AI會幫助制定健身計畫、推薦食譜、自動規畫行程,成為無處不在的生活幫手。

作為創意與寫作搭檔,AI能夠根據你的草稿自動生成文章、小說大綱,甚至協助你潤飾。

作為企業智慧顧問,從市場調查到資料分析,再到策略生成,AI都能提供即時、彈性的解決方案。

未來的深遠影響:DeepSeek將不只是一個輔助工具,而是你的知識引擎和決策夥伴,讓每個人都能在AI的幫助下將目標更快、更好的實現。

DeepSeek的未來願景,聚焦在打造更貼近使用者需求的AI夥伴。首先,它將透過長期記憶功能,更深入了解每一位使用者的習慣與偏好,成為真正懂你的私人助手。其

次，DeepSeek 也致力於專業化發展，針對不同領域提供量身打造的解決方案，成為各行各業中不可或缺的工具。

此外，為了提升工作效率與整合性，DeepSeek 未來也將朝向更開放的方向發展，與更多平臺與工具無縫對接，打造跨系統的協同工作體驗，讓使用者在各種環境中都能靈活運用 AI 力量。

現在就可以開始打造屬於你的專屬 AI 助手。你可以先讓 DeepSeek 記住你的需求，例如輸入「請記住我的職業和興趣」，讓它更了解你的背景與使用情境。接著，也能自訂回覆風格，像是輸入「請用簡潔風格回答我的問題」，就能讓回覆方式符合你的偏好。

如果你具備程式設計的能力，還可以嘗試透過 API，讓 AI 自動處理特定任務，進一步發揮它在實務應用上的強大功能。只要善用這些設定，你就能讓 DeepSeek 更貼近你的工作與生活需求。

第 4 章

解鎖 7 大使用技巧

在 AI 時代，寫作和資訊處理已不再只是動筆的事，而是關於如何有效率的組織資訊和創意。作為當前極具潛力的 AI 寫作助手之一，DeepSeek 正在重新定義這一過程。

　　然而，許多人尚未完全掌握它的核心功能和獨門技巧。這裡我們將深入探討 7 種高效使用 DeepSeek 的方法，帶你從入門到精通，輕鬆「駕馭」AI 寫作，讓它成為你的創意加速器和效率提升器。

1 它「聽得懂」你的日常語言

在普通 AI 寫作工具中，使用者往往需要用結構化的提示詞才能獲得高品質的輸出，但 DeepSeek「聽得懂」你的日常語言。只要你說出需求，它就能靈活調整輸出，從靈感發散到邏輯整理，一步到位。

➢ **普通用法（傳統 AI 工具）**

提示詞必須精準且具備清晰的邏輯結構，類似「命令式」輸入。

提示詞 生成一篇介紹 AI 歷史的 500 字文章。

➢ **DeepSeek 深度用法**

允許你用對話式或模糊性提問，無須刻意琢磨提示詞，像和朋友聊天一樣，直接說出自己的靈感或困惑。

模糊提示詞：

「AI是怎麼發展的？用一個有趣的小故事介紹。」

「最近看到大家討論元宇宙，我該從什麼角度入手寫一篇入門文章？」

場景1：寫作靈感不足時

你在寫粉專科普文，但卡在了開頭，想不到吸睛的方式。DeepSeek可以根據模糊提示，提供你多個可能的寫作方向。

提示詞 介紹未來職業發展趨勢應該從哪些有趣的角度入手？幫我構思幾段吸睛的開頭。

生成範例：

「假如你的孩子長大後成了『情緒調節師』，這個職業是做什麼的？」

「2035年，你可能會僱一名AI私人助理，它比你爸媽還懂你。」

場景2:複雜任務,直接提目標

你需要整理一份市場報告,包含使用者回饋、銷售資料和競爭分析。過去你可能要分多次輸入具體問題,但現在你只須簡單概括目標即可。

提示詞 幫我寫一份關於電動車市場2025年趨勢的報告,包含用戶需求、技術發展和市場競爭分析。

效果:DeepSeek能快速「猜出」你想要的重點,並生成包含多維資訊的初稿,省去你手動分段輸入的繁瑣操作。

場景3:需要創意建議

你正在寫一份小說大綱,需要AI幫助你設計一個充滿懸念的情節。直接告訴DeepSeek你目前的思路,讓它幫你補充或拓展。

提示詞 我在寫一本科幻小說,主角穿越到未來荒廢的地球,幫我想出一個意外反轉的情節。

生成範例:
主角以為自己是最後一個倖存者,但偶然發現一座巨型圖書館,裡面保存著失落文明的祕密,解密過程中發現還有人類活著的線索。

▼表4-1　普通用法 vs. 深度用法

輸入模式	提問	回覆
機械化輸入（普通用法）	寫一篇關於太空探索的文章，600字。	千篇一律，缺少創意和層次感。
模糊提問（深度用法）	人類在太空探索過程中曾遇到過哪些奇怪的現象？幫我從中挑一個話題寫一篇趣味文章。	更具吸引力，可能涉及外星信號、失聯宇航員等引人入勝的情節。

　　DeepSeek靈活提示詞功能的核心價值在於，降低門檻、釋放思維、節省時間。你無須在提示詞上花過多的精力，DeepSeek會主動適應你的思路，幫助你從「靈感零散」到「條理清晰」一步到位。

小撇步

（1）**大膽模糊，別害怕出錯**。DeepSeek更像一個善解人意的助手，能從模糊的問題中提煉出清晰的答案。
（2）**多提幾個「靈感問題」**。當你不知道如何下手時，可以讓DeepSeek先列出幾個思路或大綱，再從中挑選。
（3）**探索不同風格的對話**。如帶有情感描述的提問：「假如我是一個普通人，應該如何看待AI的崛起？」你會得到更具溫度和情感的輸出。

2 精準提問，直擊最佳輸出

當你告訴 AI 更多背景和目標時，它就像擁有「心靈感應」，能直接提供你最想要的結果。

「你是誰、要做什麼、希望達到什麼效果、擔心什麼」是使用 DeepSeek 的黃金祕訣，尤其適用於需要高品質、精準輸出的場景。它能讓 AI 根據你的特定需求調整語言、結構和風格，減少反覆修改的時間。

➢ 普通用法（僅提供簡單目標）

提示詞 寫一篇關於 AI 在教育中的應用。

效果：生成的文章可能過於廣泛，涉及的內容層次不清晰，且難以契合特定讀者的口味。

➢ DeepSeek 深度用法（用核心公式豐富背景）

提示詞 我是一位中學教師，正在準備一篇關於 AI 如何

幫助學生提高學習效率的文章。讀者是中學生家長，文章要簡潔有趣，擔心用太多技術術語會讓他們讀不下去。

效果：DeepSeek會自動識別目標群體，調整語氣和用詞，輸出一篇既生動又貼近家長需求的文章。

場景1：撰寫專業報告

提示詞 我是一位創業者，想寫一份給投資人的商業計畫書，介紹我的AI教育產品。希望強調產品的市場潛力和競爭優勢，同時擔心資料部分可能太專業，投資人看不懂。

DeepSeek可能生成：內容結構包括產品介紹、市場資料、競爭優勢、使用者案例等，每部分都用簡單的圖表和易懂的語言呈現，確保投資人快速抓住重點。

場景2：粉專文章或科普文

提示詞 我是一位科技部落客，想寫一篇關於未來汽車技術的文章。希望吸引年輕人，文章既要有前沿科技感，又不能太學術，擔心用詞過於枯燥。

DeepSeek可能生成：

開頭以未來駕駛的沉浸式描述引人入勝，中間用輕鬆幽

默的語言介紹電動車和自動駕駛,結尾提供一、兩個大膽預測,讓讀者產生「期待感」。

生成範例:

想像一下,你坐在車裡,手不碰方向盤,AI 已經幫你規畫了最快捷、最安全的路線。這不是電影,而是 10 年內能實現的現實!

場景 3:電商或產品推廣文案

提示詞 我是一位品牌營運經理,正在撰寫一篇宣傳我們公司新型跑鞋的文案。我希望文案凸顯舒適度和科技感,但擔心技術描述會讓用戶感到生硬。

DeepSeek 可能生成:

• 將枯燥的材料科技轉化為「腳感故事」,例如,「穿上它的感覺像踏在雲端」。

• 依照目標客戶群調整文案風格,比如年輕運動愛好者和上班族的不同需求。

公式細分講解

透過「核心公式」提供的背景和細節,DeepSeek 可以

讓你的提示詞變得更有目標感、更有效率、更貼合需求，一次輸入即可獲得符合預期的輸出，避免反覆修改和調整，真正做到精準提問，事半功倍。

- **你是誰**：讓 AI 了解你的身分、領域或職業背景，生成內容時能更客製化和專業。
- **要做什麼**：清楚說明目標任務，比如寫科普文章、報告、廣告文案等，便於 AI 定義輸出的核心結構。
- **希望達到什麼效果**：明確給出你希望輸出的文章語氣、風格或讀者群體。例如，正式、輕鬆、有趣、嚴肅等。
- **擔心什麼**：告訴 AI 你最擔心的地方，比如內容太學術化、語言太枯燥或資訊太籠統，它會主動避免這些問題。

▼表4-2　普通用法 vs. 深度用法

輸入模式	提問	回覆
簡單輸入（普通用法）	寫一篇關於 AI 對教育影響的文章。	產出廣泛的 AI 應用，重點可能不夠清晰。
核心公式輸入（深度用法）	我是一位教育研究者，正在撰寫一篇討論 AI 輔助學習的文章。目標是中學生和其家長，語言要簡單有趣，擔心技術術語會讓他們失去興趣。	結構清晰，重點強調，語言貼近目標讀者。

> **小撇步**
>
> （1）**提供細節背景**。資訊越多，AI 越了解你的需求，尤其是身分和受眾群體非常關鍵。
> （2）**用擔憂強化輸出**。大膽說出你最不想要的結果，AI 會在生成時自動規避，比如「避免學術化」或「不要枯燥」。
> （3）**保存常用公式**。將自己常用的「身分—目標—效果—顧慮」格式保存起來，類似「寫作範本」，可以在不同的任務中快速套用。

3 複雜概念轉化成大白話

很多人對 AI 生成的內容有一種「專業恐懼症」——太多術語、太過晦澀，讀起來像是在啃學術論文。但 DeepSeek 打破了這一障礙，透過自然語言處理能力，可以將複雜的概念轉化為通俗易懂的大白話，讓知識能夠輕鬆「飛入尋常百姓家」。

> **普通用法（缺乏情感和通俗轉化）**

提示詞 解釋機器學習。

生成範例：

機器學習是一種基於資料訓練演算法，透過模式識別進行預測和改良的技術。

效果：專業性強，但對普通人不友善，理解門檻高。

> **DeepSeek 深度用法（情境化＋生活化比喻）**

提示詞 簡單通俗的告訴我機器學習到底是怎麼回事。

生成範例：

機器學習就像你教孩子認小貓和小狗，一開始孩子可能分不清，但看得多了，他就知道哪些是貓，哪些是狗。

效果：簡潔明瞭、生動，讓人一聽就懂。

場景1：科技普及

提示詞 用簡單的語言解釋什麼是區塊鏈。

生成範例：

區塊鏈就像一本透明的大帳本，所有人都能看到每一筆交易，無法隨意改動，大家都確認無誤後才算完成記錄。

效果：這類表達能讓對區塊鏈毫無概念的人瞬間理解其本質，特別適合在科普類文章或公眾演講中使用。

場景2：為孩子講解複雜概念

提示詞 用兒童能聽懂的語言解釋宇宙膨脹。

生成範例：

想像宇宙像一塊正在發酵的麵團，上面撒滿了葡萄乾。

隨著麵團不斷膨脹，葡萄乾之間的距離也越來越遠，這就是宇宙在變大的過程。

效果：透過孩子日常能接觸到的生活現象，輕鬆將抽象的科學現象具象化。

場景3：企業內部培訓

提示詞 請用非技術人員也能聽懂的方式，解釋大數據分析。

生成範例：

你知道在商場裡每次你用會員卡買東西時，他們都在記錄你的購買資料嗎？透過分析這些資料，商場知道你愛買什麼、什麼時候買，這樣他們可以精準推薦你喜歡的商品。

效果：在企業內部會議、員工培訓等場合，採用這種生活化的說法，能讓非技術員工快速理解大數據的實際應用。

▼表4-3　普通用法 vs. 深度用法，解釋量子計算。

輸出模式	回覆	理解難度
簡單輸入 （普通用法）	量子計算利用量子疊加態和量子糾纏達成有效率的平行計算。	高，非專業人士聽完可能一頭霧水。
通俗輸出 （深度用法）	量子計算就像你同時走很多條路，最終找到最快的一條，而普通電腦只能一條一條的走。	低，透過簡單比喻降低概念複雜度。

以下拆解技巧，教你如何讓AI產出生活化的內容。

➢ **加入生活化場景**

在提示詞中直接要求AI使用「日常生活中常見的現象」來解釋。

提示詞 用打線上遊戲的比喻解釋什麼是雲端運算。

生成範例：

雲端運算就像你玩網路遊戲時，遊戲資料並不是存在你的電腦上，而是存在遠端的伺服器上，你隨時隨地都能連接進去。

第 4 章 解鎖 7 大使用技巧

➢ **強調目標讀者**

說明你希望內容適合誰讀，比如小學生、普通上班族等，AI 會根據受眾調整語言和用詞。

提示詞 幫我用適合中學生的語言解釋基因編輯。

生成範例：

基因編輯就像是在修改一本書的章節，你可以刪掉不想要的段落，也可以加上新的內容，讓故事變得更精彩。

➢ **明確避免專業術語**

可以直接告訴 AI「不要用專業術語」或「別太學術」，讓它自動選擇更通俗的詞彙。

提示詞 不用專業術語，解釋什麼是第 5 代移動通信技術（5G）網路。

生成範例：

5G 網路就像超級高速公路，資料可以飛快的在上面跑，下載影片、打遊戲都不再卡卡。

DeepSeek 的「通俗表達」讓複雜概念從「難以理解」到「秒懂」只須幾步。無論是對於普通讀者、學生還是非技術人員，它都能輕鬆駕馭不同場景，幫你用最簡單的語言傳遞深奧的知識。這不僅能提高溝通效率，還能拉近與讀者的

距離,讓知識變得更溫暖、更有趣。

> **小撇步**
>
> (1) 加上「像在跟小學生講」這樣的說明。這會讓 AI 更傾向於通俗輸出。
> (2) **用比喻引導**。比如「想像它是⋯⋯」或「就像⋯⋯」,讓 AI 透過具體比喻解釋複雜概念。
> (3) **多角度嘗試**。如果第一次生成的解釋不夠通俗,可以讓 DeepSeek 生成幾個不同的比喻,再選出最易懂的版本。

4 唱反調模式

「在質疑中成長」不僅是我們成長的智慧，也是 AI 幫助我們潤飾文章、強化論點的祕密武器。DeepSeek 的「唱反調」模式允許它反駁我們的觀點，列出多個反對理由，再自我辯論回去，最終形成一個完整的論述。這種模式特別適合在觀點性寫作、學術論文和商業論證中使用，讓論證更加全面、成熟、有說服力。

➤ **普通用法（僅生成單一角度）**

提示詞 生成一些 AI 在教育中的好處。

生成範例：

……（簡單列出幾點正面效果，比如提高學習效率、個性化輔導等。）

➢ 深度用法（多角度分析＋反駁的完整論述）

提示詞 AI 對教育的影響有哪些爭議？請列出 10 個反對理由並逐一反駁。

生成範例：

• 反對理由 1：AI 可能讓學生產生惰性，過於依賴技術而忽視基礎能力。

反駁觀點為，AI 的設計初衷是輔助學習，而非替代學習。透過合理引導，學生可以利用 AI 解決繁瑣問題，將更多精力放在創新和批判性思考上。

• 反對理由 2：AI 生成的資訊可能存在偏差或錯誤，誤導學生。

反駁觀點為，AI 輸出並不意味著學生就能盲目信任，教師和家長可以引導學生練習資訊辨別，學會交叉驗證和質疑權威。

場景 1：學術論文或課堂討論

提示詞 AI 是否應該廣泛應用於基礎教育？列出反對和支持的理由，並得出一個權衡後的結論。

生成範例：

• 反對理由：科技資源分布不均，可能影響受教權。

● 支持理由：AI 能為資源匱乏地區提供遠端教育資源，減少教育鴻溝。

● 權衡結論：AI 在教育領域的應用應逐步推進，同時關注教育資源的公平分配，確保所有學生都能受益。

效果：透過這種自我辯論的方式，你可以輕鬆整理出一篇結構完整、邏輯清晰的文章。

場景 2：商業決策分析

提示詞 我們公司計畫引進自動化流程，但團隊內部有分歧。請列出反對自動化的理由，並根據每個反對意見進行反駁。

生成範例：

● 反對理由 1：自動化可能導致部分員工失業，影響團隊士氣。

反駁觀點為，可以透過內部培訓讓員工轉調至具有更高價值的職位，減少失業風險，並增強團隊的整體技能。

● 反對理由 2：引入新系統需要高昂的前期投資，短期內無法收回成本。

反駁觀點為，從長期來看，自動化將降低營運成本，提高效率，並在未來幾年內獲得投資回報。

場景3：社群媒體或粉專文章

提示詞 生成一個關於「年輕人是否應該辭職追求夢想」的辯論。

生成範例：

• 支持觀點：人們年輕時應該追求夢想，否則未來可能會遺憾。

• 反對觀點：過於衝動的辭職可能導致財務困境，甚至影響人的心理狀態。

• 權衡結論：夢想和現實並非對立，制定合理的計畫可以讓你在保障基本生活的同時逐步實現夢想。

效果：完整的論述能讓你呈現出不同的立場，特別適合引發讀者思考和互動。

技巧拆解：如何用好「唱反調」模式

給出明確的辯論主題。提示詞中明確指出辯論的焦點，例如「某項政策是否應該實施」、「某個技術對社會的利弊」等。

讓AI列出具體數量的理由。可以指定列出10個反對意見、5個支持意見或3個權衡觀點等，幫助你控制文章的長

度和邏輯層次。例如「請列出5個反對自動駕駛技術的理由並逐一反駁。」

要求權衡並得出結論。除了列出正反理由外，還可以要求AI權衡分析並給出最終建議，讓輸出內容更完整。例如「針對AI生成的藝術作品，列出正反觀點，並提出一個中立的監管建議」。

▼表4-4　普通用法 vs. 深度用法

輸入模式	提問	回覆
普通輸入（普通用法）	列出AI的好處。	簡單羅列，比如「提升效率」、「個性化學習」等。
「唱反調」模式輸入（深度用法）	AI對未來工作環境的影響有哪些爭議？請列出正反兩方面的觀點並得出結論。	分析不同層面的利弊，比如工作機會減少、效率提升、再培訓需求等，最終提出折中方案。

> **小撇步**
>
> （1）**善用反駁功能**。辯論的價值不僅在於列出反對意見，更重要的是透過反駁來完善觀點，讓輸出的內容更加有邏輯和深度。
> （2）**擴展辯論鏈**。如果需要更長的內容，可以讓 AI 根據每個反駁理由再生成進一步駁回，形成多輪辯論。
> （3）**靈活調整數量**。不同場景下，可以讓 AI 生成 3 個、5 個或 10 個反對理由，快速控制文章的篇幅和層次。

5 批判性思考挖掘複雜問題

有時候，簡單的答案遠遠不夠，尤其在面對多層次、複雜性強的問題時，我們需要 AI 進行深度思考，才能得到更有邏輯、更可靠的結論。DeepSeek 的 R1 模型正是為此而生，它能模擬「100 次批判性思考」——每次生成初稿後進行自我批評、改善、再生成，最終輸出邏輯嚴密、多角度分析的答案。

➤ 普通用法（表層分析）

提示詞 分析新能源技術的未來發展趨勢。

生成範例：

……（可能只涉及新能源市場規模或技術突破，缺乏全面性。）

➢ 深度用法（批判性推演＋多維分析）

提示詞 從環境、科技和人文角度，深入分析新能源技術未來10年的發展趨勢。

生成範例：

• 從環境層面看，新能源技術有助於減少溫室氣體排放，但資源開發過程可能帶來新的環境負擔，如鋰電池材料的開採汙染。

• 從技術層面看，電池儲能技術是關鍵突破口，但短期內技術瓶頸仍然存在，可能延緩市場大規模推廣。

• 從人文層面看，新能源推廣需要公眾理解、接受和政策支持，尤其在較不發達地區，教育和普及仍是重要挑戰。

結論：從多角度分析得出結論，並提供具體應對策略，比方說如何透過政策干預和技術研發平衡發展。

場景1：產業研究報告

提示詞 深入分析未來10年人工智慧對就業市場的影響，從經濟、技術和社會3方面探討。

生成範例：

• 從經濟層面看，短期內 AI 自動化可能導致部分領域的從業者失業，但長期來看，它將會創造更多技術人員職缺。

- 從技術層面看，不同領域 AI 應用成熟度不同，部分產業受到的衝擊更大，比如製造業和物流業。
- 從社會層面看，AI 普及可能加劇收入不平等，因此需要政府介入，推動再培訓和技能提升專案。

效果：生成的內容邏輯清晰、涵蓋全面，能夠直接用於產業白皮書或高品質報告中。

場景2：政策研究與建議

提示詞 針對全球氣候變化，從政策、技術和公眾參與3個層面分析減碳措施的可行性。

生成範例：
- 從政策層面分析，政府需要設定更嚴格的碳排放目標，同時透過國際合作應對跨國環境問題。
- 從技術層面分析，需要加大對碳捕捉與儲存技術的投資，並提高清潔能源技術的普及率。
- 從公眾參與層面分析，大規模的減碳效果取決於公眾的環保意識，透過宣傳和教育提高公民參與度。

效果：DeepSeek-R1 模型能提出細緻入微的應對方案，並基於批判性思考，提供潛在風險與應對措施，讓政策制定更具可行性。

場景3：產品戰略與市場分析

提示詞 分析電動車在未來5年內的市場擴張潛力，綜合技術創新、市場競爭和用戶需求。

生成範例：

● 從技術創新角度分析，固態電池技術是未來發展的關鍵，一旦突破，電動汽車將迎來大規模市場爆發。

● 從市場競爭角度分析，傳統汽車廠商和新興電動汽車品牌之間競爭激烈，可能推動價格戰和創新加速。

● 從用戶需求角度分析，消費者越來越傾向於環保出行，但充電基礎設施仍是購買決策的重要考慮因素。

效果： 透過批判性推演，提供一份包含機會和風險的市場分析報告，為企業戰略決策提供參考。

如何啟動DeepSeek-R1的批判性思考？

提出具體的多角度分析需求。在提示詞中明確指出需要從不同角度探討，比如從政策、市場、技術、用戶行為等層面入手。例如：「從經濟、環境和社會影響3個層面分析核能的發展前景。」

讓AI進行批判性反思並修正。可以在提示詞中要求AI

▼表4-5　普通用法 vs. 深度用法

輸入模式	提問	回覆
普通輸入 （普通用法）	分析電動車市場的未來趨勢。	簡單預測市場規模和使用者成長趨勢，缺少深入的風險和機會分析。
DeepSeek-R1 模型輸入 （深度用法）	從政策、技術、用戶和市場競爭4個角度，批判性分析電動車市場未來5年的發展趨勢。	多角度分析電動車市場的潛在機遇和挑戰，並提供具體的應對建議，比如推動充電樁普及、投資核心技術等。

在初步分析後，批判和修正結論，確保內容深度和邏輯性。例如：「先分析人工智慧對文化產業的影響，再批判可能存在的偏見和盲區，並提供修正建議。」

綜合利弊分析，得出平衡方案。在批判性思考過程中，要求AI列出優點和缺點，並提出折中的解決方案。例如：「分析無人駕駛技術的優缺點，並提出如何降低安全風險的解決方案。」

透過DeepSeek的R1模型，你不再需要逐步收集資訊、反覆驗證，而是讓AI自動完成多輪批判性思考和強化推理邏輯，快速生成高品質的分析報告或戰略建議。無論是產業研究、政策制定還是市場分析，DeepSeek-R1模型都能

讓你的分析更有邏輯性和實用性,且更有深度,遠超過簡單的表層分析。

> **小撇步**
>
> (1) **多角度設定提示詞**。分析角度越多,輸出的內容越深入。確保至少包含3個以上的角度,如政策、市場、用戶等。
> (2) **讓 AI 自我批判**。引導 AI 從生成的初步結論中發現漏洞或盲點,並重新改善結果。
> (3) **結合對比模式**。如果需要詳細的比較,可以讓 AI 生成不同方案的優缺點對比表,為決策提供參考。

想不出問題?照著範本問

下面是一些通用的批判性思考提示詞範本,涵蓋政策、市場、科技、社會等不同領域。你可以將這些範本直接替換成你需要的主題,無須過多產業背景知識也能輕鬆上手。

➤ 市場與商業分析

提示詞範本 1 從市場需求、競爭環境和技術創新3個角度,分別分析_____(產品/產業)未來_____(具體時間)的成長潛力,並列出可能的挑戰及應對措施。

`範例` 從市場需求、競爭環境和技術創新3個角度，分別分析電動車未來5年的成長潛力，並列出可能的挑戰及應對措施。

　　`提示詞範本 2` 列出＿＿＿＿（產業／產品）未來發展的5個機遇和5個風險，並提出解決方案。

　　`範例` 列出可穿戴設備產業未來發展的5個機遇和5個風險，並提出解決方案。

　　`提示詞範本 3` 對＿＿＿＿（公司或產品）在＿＿＿＿（市場／產業）中的競爭力進行批判性分析，包括技術優勢、市場份額和潛在弱點。

　　`範例` 對特斯拉在電動車市場中的競爭力進行批判性分析，包括技術優勢、市場份額和潛在弱點。

➤ 政策和社會影響分析

　　`提示詞範本 1` 從經濟、社會和環境3個角度，批判性分析＿＿＿＿（政策／措施）可能帶來的利弊，並依此提出改善建議。

　　`範例` 從經濟、社會和環境3個角度，批判性分析碳稅政策可能帶來的利弊，並依此提出改善建議。

　　`提示詞範本 2` 對＿＿＿＿（政策／專案）的可行性進行批判性推演，分析其短期效果和長期影響。

範例 對全民基本收入政策的可行性進行批判性推演，分析其短期效果和長期影響。

提示詞範本 3 請從公平性、效率和公眾接受度 3 個角度，批判性分析_____（社會專案／改革）是否適合大規模推廣。

範例 請從公平性、效率和公眾接受度 3 個角度，批判性分析新能源汽車購車補貼是否適合大規模推廣。

➤ 科技與創新

提示詞範本 1 對_____（技術／產品）的核心突破和技術瓶頸進行批判性分析，並且列出可能的技術風險及應對措施。

範例 對 AI 在醫療診斷中的核心突破和技術瓶頸進行批判性分析，並且列出可能的技術風險及應對措施。

提示詞範本 2 從用戶需求、技術成熟度和市場接受度 3 個角度，分析_____（技術）大規模應用的可行性，以及可能面臨的挑戰。

範例 從用戶需求、技術成熟度和市場接受度 3 個角度，分析自動駕駛汽車大規模應用的可行性，以及可能面臨的挑戰。

提示詞範本 3 列出_____（新興技術）可能帶來的 5

個正面影響和5個潛在問題,並提供權衡方案。

範例 列出生成式AI可能帶來的5個正面影響和5個潛在問題,並提供權衡方案。

> **環境與可持續發展**

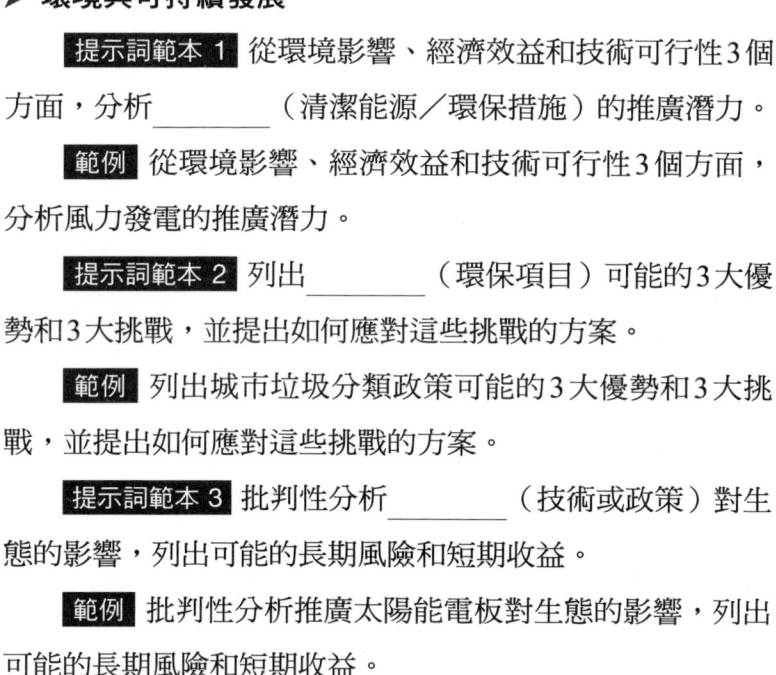

提示詞範本 1 從環境影響、經濟效益和技術可行性3個方面,分析＿＿＿＿（清潔能源／環保措施）的推廣潛力。

範例 從環境影響、經濟效益和技術可行性3個方面,分析風力發電的推廣潛力。

提示詞範本 2 列出＿＿＿＿（環保項目）可能的3大優勢和3大挑戰,並提出如何應對這些挑戰的方案。

範例 列出城市垃圾分類政策可能的3大優勢和3大挑戰,並提出如何應對這些挑戰的方案。

提示詞範本 3 批判性分析＿＿＿＿（技術或政策）對生態的影響,列出可能的長期風險和短期收益。

範例 批判性分析推廣太陽能電板對生態的影響,列出可能的長期風險和短期收益。

> **倫理與社會責任**

提示詞範本 1 從隱私保護、倫理和用戶體驗3個角度,批判性分析＿＿＿＿（技術／平臺）可能對社會產生的負面

影響,並提出改進建議。

>範例 從隱私保護、倫理和用戶體驗3個角度,批判性分析社群媒體演算法可能對社會產生的負面影響,並提出改進建議。

>提示詞範本2 分析＿＿＿＿（新技術／措施）在倫理、法律和公眾接受度各方面的相關爭議,並依此提出中立的解決方案。

>範例 分析人類基因編輯技術在倫理、法律和公眾接受度各方面的相關爭議,並依此提出中立的解決方案。

➤ 綜合權衡和支援決策

>提示詞範本1 列出＿＿＿＿（專案／計畫）可能的正反觀點,並批判性分析各自的合理性,得出綜合建議。

>範例 列出AI生成藝術品的正反觀點,並批判性分析各自的合理性,得出綜合建議。

>提示詞範本2 針對＿＿＿＿（問題／挑戰）,列出至少3種可能的解決方案,並批判性分析它們的優缺點,最後推薦一個最佳的方案。

>範例 針對城市交通壅塞問題,列出至少3種可能的解決方案,並批判性分析它們的優缺點,最後推薦一個最佳的方案。

第4章 解鎖7大使用技巧

> **萬能句型總覽（可自由組合）**

• 從（觀點1、觀點2和觀點3）3個角度，批判性分析＿＿＿＿（問題／政策／專案）的相關影響，並給出權衡建議。

• 列出＿＿＿＿（主題）的5個優勢和5個潛在風險，並提供應對策略。

• 對＿＿＿＿（技術／政策）進行批判性推演，探討其短期和長期的正負面效果。

• 從＿＿＿＿（用戶／市場／倫理）的角度出發，分析＿＿＿＿（產品／政策）的可行性並提出改善建議。

這些萬能提示詞可以讓你在不同領域快速生成批判性分析、多角度報告和具體可行的建議。只須替換關鍵字，就能含括廣泛的應用場景。

下一次面對複雜任務時，無須過多思考，直接用這些範本，讓DeepSeek幫你完成從資料分析到戰略決策的飛躍。

6 模擬網路罵戰，優雅回嗆惡評

面對惡評或網路暴力，很多人容易情緒化，但有時候，溫柔且堅定的回擊能更有效的扭轉局面。透過DeepSeek，你可以將惡評複製貼進提示框，讓AI幫你生成一段既有邏輯又不失風度的回擊，再直接複製貼回去，輕鬆應對網路上的挑釁者。

識別惡評，選擇應對策略

首先，要區分惡評的類型和嚴重程度。惡評通常分為以下3種：

• **普通負面評論**：表達對產品／觀點的不足或失望，例如「這個產品根本沒用，浪費錢」。

• **情緒化指責**：帶有較強的情緒，但缺乏具體事實，例如「你的觀點真可笑，別出來丟人現眼」。

- **惡意攻擊／網路暴力**：涉及人身攻擊或惡意詆毀，例如「你根本不配談論這個話題，閉嘴吧」。

應對策略需要根據惡評類型來選擇幽默的反擊、邏輯性回應，還是堅定的澄清。

做好準備，開始反擊！

將對方的評論複製到 DeepSeek 中，並根據你的需求設置提示詞，讓 AI 生成溫柔而有力的回擊。

範例提示詞 1（溫和邏輯型）：有人評論：「你的文章寫得很差，一點邏輯都沒有，浪費時間！」請幫我寫一段溫柔但堅定的回覆，解釋我的觀點並邀請對方進一步討論。

生成範例：

感謝你花時間閱讀我的文章，雖然我們看法並不相同，但我非常重視你的意見。如果你有具體的改進建議，我很樂意聽取。畢竟，討論的本質是為了共同進步。

範例提示詞 2（幽默反擊型）：有人評論：「你寫的內容真的一文不值，誰會花時間看？」請幫我寫一段帶有幽默感但不傷人的回覆。

生成範例：

看來我的文章不僅讓你看完了,還讓你有了抒發情感的機會,這已經是一種價值了吧!不過,如果你有更好的想法,歡迎分享。

範例提示詞 3 (情緒化攻擊型):有人惡意評論:「你根本不配談這個話題,閉嘴吧!」請幫我生成一段堅定但理性的回覆。

生成範例：

每個人都有表達自己觀點的權利,而我的立場來自多年的研究和實踐。如果你有不同的見解,我願意聽取,但攻擊無法改變事實。

在 DeepSeek 生成的回覆中,如果有部分措辭需要調整,可以直接在提示框中進行調整。

改寫提示詞 用更簡短、直擊重點的方式重寫這段回應,讓它有力但不失禮貌。

改寫後：

不同觀點是討論的起點,而不是結束。如果你願意分享具體的意見,我們的討論會更有意義。

複製修改後的回覆內容,貼到評論區。

複製貼上,溫柔但不退讓

將 DeepSeek 生成的回覆直接複製貼到評論區,保持溫和但有力的態度。

惡評者:「你的這些觀點根本站不住腳,別浪費別人的時間了。」

生成範例:

感謝你的時間和評論。如果你願意指出具體的問題,我很樂意改正,但空泛的批評無法推動討論。

惡評者:「這篇文章簡直無聊透頂,你寫這種東西有意義嗎?」

生成範例:

也許它並不符合你的興趣,但每個人都有不同的關注點。如果你有不同建議,我很期待聽到。

場景1:個人粉專或社群媒體

當你發表一篇科普文章、生活見解或觀點分析時,可能會遇到負面評論。使用 DeepSeek 快速生成優雅回擊,不要讓自己陷入無意義的爭論。

提示詞 某位網友評論:「你的文章完全沒有任何新

意,別出來丟人現眼。」請幫我生成一段既幽默又不失禮貌的回覆。

生成範例:

謝謝你的提醒!看來我確實有進步的空間。如果你能提供具體的改進建議,我一定虛心接受。

場景 2:產品或品牌遭遇負面回饋

企業面對惡評時需要小心應對,既要維護品牌形象,又不能加劇對立。DeepSeek 可以生成具有「公關溫度」的專業回覆。

提示詞 一位顧客評論:「產品太差勁了,我很後悔買下它。」幫我生成一段既表達歉意又能引導解決問題的客服回覆。

生成範例:

很抱歉聽到您的不滿,您的回饋對我們非常重要。請告訴我們具體的問題,我們將第一時間為您解決,讓您的體驗更好。

透過複製→生成→改寫→貼上這套簡單的操作流程,DeepSeek 可以幫助你在面對惡評和網路暴力時,從容應

對,溫柔回擊。

無論是個人用戶還是企業品牌,都能利用這項功能,在衝突中保持冷靜,用有溫度、有力道的語言贏得討論的主動權,化解衝突,扭轉局面。

> **小撇步**
>
> (1)**明確定出你的語氣需求**。根據評論的嚴重程度和場景,選擇「幽默型」、「溫和型」或「邏輯型」回擊風格。
> (2)**直接複製貼上惡評,節省時間**。DeepSeek可以從惡評中自動提取關鍵資訊,生成符合目標的回覆。
> (3)**避免陷入情緒化**。當面對惡意攻擊時,冷靜應對是最好的策略,DeepSeek會幫你控制語言,讓你在回擊中占據優勢。

7 人人都能是寫作大神

每一位著名作家都有獨特的「文風密碼」,透過模仿他們的語言、結構和情感表達,你不僅能讓自己的寫作更有深度,還能在不同場景中輕鬆切換風格。從李尚龍老師的溫情勵志文案,到莫言的鄉土敘事,再到曹雪芹的古典美學,你將一步步走進文學世界的「殿堂級創作模式」。

➤ **普通用法(普通風格生成)**

提示詞 寫一篇關於成長的短文。

生成範例:

……(平凡無奇的故事,缺少靈魂和文風特色。)

➤ **深度用法(模仿經典風格)**

提示詞 模仿李尚龍老師的溫暖勵志風格,寫一段適合製作短影音的文案,主題是「一個普通人的努力」。

生成範例：

凌晨3點的街頭總是安靜的,唯有便利店門前有一盞孤獨的路燈,照著那個匆匆跑回租屋處的外送員。他並不知道,這份沉默的堅持會在未來某天悄然改變他的命運。

效果:細膩而真實,特別適合短影音背景音樂配合,容易引發觀眾共鳴。

場景1：短影音文案(模仿李尚龍的溫情勵志風格)

提示詞 模仿李尚龍的寫作風格,為短影音寫一段關於青春告別的溫情文案。

生成範例：

那些來不及說再見的夏天,沒吃完的燒烤攤,沒走過的小路,都被封存在日記的夾頁裡。也許再見的時候,我們都不一樣了,但那些沒說出口的告別,早已成為永恆的印記。

效果:短影音文案結合畫面和音樂,營造溫暖又傷感的氛圍,直擊青春回憶。

場景2：小說敘事(模仿莫言的鄉土敘事風格)

提示詞 請模仿莫言的風格,寫鄉村題材小說的開頭。

生成範例：

那是一個悶熱的夏天，稻田裡的青蛙唱了一整夜。小河邊的牛群在樹蔭下懶懶的甩著尾巴，而田間的小道上，一個少年正蹲著削一根柳樹枝，手上的繭子比柳枝還粗糙。他的父親在村裡有名氣，但名聲卻不好。

效果：充滿鄉土氣息和細膩的場景描寫，能夠迅速引發讀者對人物命運的好奇心。

場景3：演講稿（模仿李世民的霸氣風範）

提示詞 模仿李世民[1]的風格，寫一篇在公司年會上激勵團隊的發言稿。

生成範例：

今日之勝利，來自你們的每一滴汗水和堅持。戰場上，勝利並非一蹴而就，而是無數次艱難險阻的跨越。未來的挑戰會更大，但我知道，只要我們同心協力，就必將再次站上高峰，睥睨四方！

---

1 唐太宗，唐朝第1任宰相、第2任皇帝。

效果：雄壯有力、充滿激情的語言讓團隊年會更具儀式感，能夠激勵士氣。

場景 4：家庭劇劇情（模仿《紅樓夢》的文學體系）

提示詞 1 模仿《紅樓夢》的風格，創作一段家庭劇中姊妹間因家族利益產生衝突的情節。

生成範例：

夜深人靜，偏廳的燭火搖曳著，照得牆上影影綽綽。姊姊冷冷的望著桌上的帳簿，聲音如刀般刺破了空氣：「妳想用這幾頁紙，就把家產分走一半？」妹妹的眼中閃過一絲淚光，卻咬緊牙關：「妳知道的，我只是要回屬於我的東西。」一場家族風波，在這靜謐的夜裡拉開了序幕。

效果：人物情感與環境描寫交織，細膩的筆觸展現出複雜的家族關係，尤其適合長篇家庭劇創作。

想像一下，未來 AI 可能會補全《紅樓夢》未完成的章節——那個懸而未解的結局、那個被許多人猜測的家族命運或許將被「揭曉」。

提示詞 2 模仿曹雪芹的風格，續寫《紅樓夢》的結尾。

生成範例：

雨停了，黛玉的墳上新生的青草還帶著泥香，三月的風

輕拂而過,彷彿是她在低聲呢喃。賈府大門上的朱漆脫落,歲月將一切推向不可挽回的結局。那些繁華過往,終究不過是南柯一夢。夢醒時,人已非。

感受延展:如果未來我們真的可以看到曹雪芹「未寫完的《紅樓夢》」,那麼紅學研究這門學科可能也會逐漸消亡。因為人們不會再需要「推測和研究」,而是直接得到「最終答案」。這既是文學的奇蹟,也可能是紅學的終點。

萬能提示詞範本:輕鬆模仿經典風格

短影音文案類:「模仿某人的風格,為短影音寫一段關於某主題的文案。」例如:「模仿李尚龍的風格,為短影音寫一段關於『夢想和現實』的文案。」

小說敘事類:「模仿莫言/沈從文的風格,寫一段關於鄉村生活/成長故事/情感糾葛的開頭。」例如:「模仿莫言的風格,為一本以鄉村少年為主角的成長小說寫開頭。」

演講稿類:「模仿李世民/邱吉爾(Sir Winston Churchill)的演講風格,為企業/學校/團隊撰寫一篇激勵發言稿。」例如:「模仿李世民的風格,為公司新年開工大會寫一篇發言稿。」

古典敘事類：「模仿《紅樓夢》的敘事風格，為一段家庭衝突／悲劇情節創作情節發展。」例如：「模仿《紅樓夢》的風格，創作一場家族利益爭鬥的戲劇性場景。」

模仿經典並非簡單的複製，而是透過風格化表達，讓你的寫作更具層次感和藝術性。無論是李尚龍的溫暖、莫言的鄉土氣息，還是曹雪芹的古典敘事，DeepSeek 都能成為你的「寫作導師」，幫你打造有深度、有風格、有情感的作品──讓寫作不再侷限於一種模式，而是成為一種無限可能的創作冒險。

DeepSeek 不僅是一個普通的 AI 寫作工具，更像是一位「全能寫作助教」。無論是陪你辯論、替你翻譯，還是幫你模仿文學大師，它都能輕鬆勝任。透過掌握靈活提示詞、批判性分析、模仿文風等多種技巧，你可以用它快速完成科普文章、短影音文案、小說創作、演講稿、市場分析等各類寫作任務，真正實現從零基礎到高手的寫作進階之路。

在 AI 的輔助下，你不僅能寫出邏輯縝密的分析文章，還能創作出具有情感溫度和藝術美感的作品，為你的創作增添無限可能。

用好 DeepSeek，讓你變成創作達人。

8　不藏私範本送給你

以下提供幾種不同主題的提示詞範本。

科普／知識分享類

公式範本：「我是一位＿＿＿＿＿（身分或職業，如教師、部落客、工程師），希望寫一篇關於＿＿＿＿＿（主題）的文章，讀者是＿＿＿＿＿（目標人群）。我希望＿＿＿＿＿（目標效果，如簡單易懂、有趣幽默、邏輯清晰），並避免＿＿＿＿＿（擔憂，如太枯燥、太技術化）。」

範例 1 我是一名高中物理老師，想寫一篇關於量子力學的科普文，讀者是高中生。我希望文章簡單有趣、帶有生活化比喻，避免使用難懂的專業術語。

範例 2 我是一名科技部落客，想寫一篇關於 5G 網路的入門科普文，目標是一般上班族。我希望內容簡單易懂，讓

他們在5分鐘內了解5G的核心概念。

辯論分析類

　　公式範本：「從＿＿＿＿＿＿（多個層面，如經濟、社會、科技）批判性分析（主題或問題）的正反觀點。列出＿＿＿＿＿＿（數量，如5個）支持理由和（數量，如5個）反對理由，並進行權衡分析，得出最終結論。」

　　範例1 從技術、用戶需求和安全性3個角度批判性分析自動駕駛汽車的大規模應用。列出3個支持理由和3個反對理由，並提出權衡後的政策建議。

　　範例2 批判性分析AI生成藝術品的價值，列出5個支持觀點和5個反對觀點，並提出未來可能的監管框架。

創意寫作／模仿文風類

　　公式範本：「模仿＿＿＿＿＿（作者或風格，如李尚龍、莫言、《紅樓夢》）的寫作風格，為＿＿＿＿＿（創作類型，如短影音、小說、演講稿）生成關於（主題或場景）的內容，重點體現＿＿＿＿＿（特定情感或風格特徵，如溫暖勵志、鄉土敘事、古典美學）。」

範例 1 模仿李尚龍的風格，為短影音寫一段關於「青春夢想」的文案，帶有溫暖勵志感。

範例 2 模仿莫言的鄉土敘事風格，為一本關於鄉村生活的小說寫開頭，描述少年離開家鄉前的情感掙扎。

範例 3 模仿《紅樓夢》的敘事風格，創作一段家庭劇中姊妹之間因家族利益產生矛盾的場景。

產品推廣／品牌文案類

公式範本：「為＿＿＿＿＿＿＿（產品或服務）撰寫一段宣傳文案，目標受眾是（使用者類型），文案風格希望＿＿＿＿＿＿（目標風格，如專業可信、幽默輕鬆、情感共鳴），重點強調＿＿＿＿＿（產品優勢或賣點），同時避免＿＿＿＿＿（擔憂，如過於生硬或技術化）。」

範例 1 為一個 AI 學習助手寫推廣文案，目標使用者是高中生和家長。文案要有親和力，重點強調個性化學習和時間管理功能，避免過於技術化。

範例 2 為一雙跑步鞋撰寫廣告文案，目標使用者是都市白領跑者。文案風格幽默輕鬆，強調輕便舒適的賣點，並引發用戶共鳴。

邏輯分析／支援決策類

公式範本：「分析＿＿＿＿（主題）在＿＿＿＿（多個層面，如政策、技術、市場）上的優勢和風險，並列出可能的解決方案。最後，提供一段權衡後的綜合建議。」

範例 1 分析綠色能源在未來10年內的市場擴張潛力，從政策支持、技術進步和用戶需求3個角度入手，列出3個優勢和3個風險，並提供權衡後的發展建議。

範例 2 分析某公司進入海外市場的可行性，從市場競爭、文化差異和政策法規3個方面列出優劣勢，並提出最佳策略。

小撇步

（1）**靈活組合公式**：可以根據具體需求，組合不同公式中的要素，例如「科普類＋創意寫作」或「辯論分析＋產品推廣」。
（2）**多輪生成，選取最佳**：讓 DeepSeek 生成多個版本的內容，並從中挑選最貼合需求的一段。
（3）**定期整理提示詞**：根據你使用中的回饋，逐漸調整和完善提示詞，形成專屬於自己的寫作範本。

第 5 章

快記、快背、快寫，成為學習達人

1 故事引導法，不用背就記住

有時候，我們在學習時會遇到許多生僻的專有名詞，比如醫學、化學或其他學科中的專有名詞。很多人覺得記這些詞彙和公式，就像在背一大堆枯燥的課本內容，既費時又費力，容易忘記。

故事引導法就是把這些枯燥的知識轉化成一個有趣的小故事。就好像看一部情節曲折的電影一樣，你的大腦會自動記住故事中的每一個細節。當一個抽象的名詞或公式融入故事情節中，你就能透過回憶故事的畫面，自然而然的記住那些學習重點。

提示詞 將「腓腸肌、尺神經、乙狀結腸」編入一個偵探故事。

生成範例：

在一起離奇的案件中，偵探在現場發現受害者的腓腸肌

上有一個小小的針孔（暗示尺神經受損），沿著這個線索，他順著一條看似乙狀結腸的神祕管道，找到了關鍵證據。

第1步，複製提示詞：將上面這段提示詞複製到你的剪貼簿上。

第2步，貼上並執行：將複製的提示詞貼到DeepSeek的輸入框中，然後按確認鍵（Enter鍵）。

第3步，閱讀生成的故事：DeepSeek會生成一個生動有趣的小故事，你可以閱讀它，利用故事的情節和畫面幫助記憶那些專有名詞。

透過這種方法，DeepSeek會生成一個偵探故事，在故事中巧妙的嵌入「腓腸肌」、「尺神經」和「乙狀結腸」這3個醫學名詞。每當你回憶起這個故事時，那些難記的名詞也會跟著浮現在腦海裡，大幅提升記憶力。這樣，你在學習時，就能更輕鬆的把這些專業知識記牢。

這個方法不僅適用於醫學名詞，還可以用於記憶其他學科的抽象概念。只須根據具體內容修改提示詞中的關鍵字，就能輕鬆打造適合自己學習風格的故事。希望你能嘗試並發現，記憶知識變得既輕鬆又有趣。

2 宮殿記憶,用舊的記新的

你是否曾為記住一長串的流程或清單而煩惱?比如在學習專案管理時,總覺得那些流程太長、太枯燥,記不牢?

宮殿記憶法就是將你需要記的東西和你非常熟悉的物理環境(比如你每天走進的辦公室)連繫起來。每次經過那個熟悉的物品時,你的大腦就會自動聯想到與之對應的內容,就像一個記憶開關一樣。

提示詞 用辦公室布局來記住專案管理的5大流程:
- 門口的指紋機代表「啟動」。
- 白板計畫表代表「規畫」。
- 座位上的電腦代表「執行」。
- 監視器代表「監控」。
- 文件櫃代表「收尾存檔」。

第1步，複製上面的提示詞文字。

第2步，將文字貼到DeepSeek的輸入框中。

第3步，按確認鍵執行，等待DeepSeek幫你生成相關描述。

DeepSeek會輸出一段描述，把專案管理的5大流程生動的和辦公室中的各個物品連繫起來。以後每當你經過辦公室門口，看到指紋機或白板時，這些物品就會幫助你牢牢記住整個流程。

3 身體比大腦更可靠

你是否覺得單一的學習方式不僅讓知識顯得枯燥,而且記憶效果還不理想,容易忘記?

多感官學習法主張同時調動聽覺、視覺和動作感知,讓知識變得更加生動。就像在看一部電影時,你不僅能看到畫面,還能聽到聲音,甚至能感受到情節的節奏,這樣記憶效果會更好。

提示詞 請為地理課中的「季風氣候特徵」設計一個包含3種感官的學習方案:

聽覺:將《青花瓷》的歌詞內容改編成描述季風變化的短句。

視覺:在一張圖上用紅藍箭頭標注出冬季和夏季季風的方向。

動作感知:利用風扇模擬出風向,並動手製作一個小模

型來展示風的流動。

　　第1步，複製上面的提示詞文字。
　　第2步，貼到DeepSeek的輸入框中，按確認鍵執行。
　　第3步，閱讀DeepSeek生成的3種感官學習方案，了解如何將聽、看、動作感知這3種方式結合起來學習知識。

　　DeepSeek生成的方案會為你提供一個綜合的學習策略，幫助你從聽覺、視覺、動作感知這3個方面同時刺激大腦，從而大幅提升記憶效率。你可以依此方法在實際學習中多加練習，體會學習重點從單調到生動的轉變，記憶效果明顯提高。

4 有利的困難策略

在閱讀教材時,你是否發現自己經常走神、注意力不集中?當掃過眼前一行行文字,卻沒有真正停下來思考時,記憶和理解自然就打了折扣。

有利的困難(Desirable Difficulties)策略就是在閱讀過程中故意為自己製造阻力,比如在每節內容後加入幾個思考題。這樣做能迫使你停下來主動思考,從而更容易抓住核心內容。就像你走路時遇到障礙,需要稍停一下再繼續前行,這個困難會讓你對剛學過的知識印象更加深刻。

提示詞 在每節內容末尾插入以下思考題:
- 本段的核心觀點是什麼?
- 這一觀點與上一章節中的某個理論有何連繫?
- 如果要設計一個實驗來驗證本段的結論,你會如何執行?

- 用一個表情符號描述作者對這一觀點的態度。

第1步，將上述提示詞複製到剪貼簿上。

第2步，黏貼到DeepSeek的輸入框中，並按下確認鍵執行。

第3步，閱讀DeepSeek生成的具體思考題，並在閱讀教材時逐一回答或思考。

透過在每節學習內容中主動加入思考題，DeepSeek會為你生成一系列與內容相關的題目。這會迫使你停下來思考，主動梳理和回顧所學知識，從而使你的專注時間和思考深度大幅提高。據研究，這種方法能讓一個人的主動思考時間增加約40％，幫助你更容易理解和記住學習重點。

這種有利的困難策略適用於各種教材和閱讀內容，只須簡單複製提示詞，貼上並執行，就能獲得一套適合自己學習的思考題，幫助你從被動閱讀轉變為主動學習，提升整體學習效果。

5　逆向論證法，避開盲點

在討論某個議題時，我們往往只看到一面，比如關於「人工智慧是否威脅人類就業」的討論。很多人只關注 AI 可能帶來的負面影響，忽視了它可能創造新職位的可能性。

逆向論證法就是讓你主動站在相反的角度思考問題，透過列出那些看似違反普遍認知的觀點，再逐一進行反駁。用這個方法，你可以打破單一觀點，發現問題的多面性，達到更加全面、平衡的分析效果。

提示詞 請針對「人工智慧是否威脅人類就業」這個問題，進行逆向論證。

列出至少5個反方向的觀點，比如：
- 哪些職業是因 AI 而創造出新的職位？
- 歷史上技術革命如何促使就業結構調整？
- AI 是否能降低創業門檻，帶來更多創新機會？

然後針對每個觀點提出具體反駁意見,最後總結出一個多維平衡的結論。

第1步,複製上面的提示詞文字。
第2步,將文字貼到 DeepSeek 的輸入框中。
第3步,按下確認鍵執行,等待 DeepSeek 輸出完整的逆向論證過程。
第4步,閱讀輸出內容,了解問題的多角度分析結果。

DeepSeek 會生成一份詳細的逆向論證報告,列出與主流觀點相反的多個理由,並為每個理由提供反駁說明。這樣,你就能從單一論點轉向多維評估,更全面的理解問題,幫助你在討論和決策時考慮更多可能性。

6 多角度思考原則

在分析複雜現象時,比如「中小學生沉迷短影音」的問題,如果只從一個角度出發,可能無法發現問題的全貌和其深層次原因。多角度思考原則要求你從3個不同的層面去觀察和分析問題。

• **微觀層面**:關注個體的即時反應和行為,比如短影音帶來的即時回饋對大腦的刺激。

• **中觀層面**:關注家庭和學校等中間環境,比如學校的管控、家長的監督是否存在不足。

• **宏觀層面**:觀察整個社會、經濟背景,比如當下注意力經濟[1]和內容演算法對使用者行為的影響。

---

1 是一種管理資訊的方法,它將人類的注意力作為一種稀缺的資源,並運用經濟學理論解決各式各樣的資訊管理問題。

這樣做可以幫助你建構一個從個體到社會、從細節到整體的全面分析框架。

提示詞 請從3個視角分析「中小學生沉迷短影音」的現象。

微觀：短影音15秒的即時回饋會如何刺激大腦分泌多巴胺。

中觀：學校和家庭在監督方面存在的缺陷和空白。

宏觀：注意力經濟時代中內容演算法如何推波助瀾。

最後，請綜合以上資訊提出一個符合目標的干預策略。

第1步，複製上面的提示詞文字。

第2步，貼到DeepSeek的輸入框中，按確認鍵執行。

第3步，閱讀DeepSeek生成的分析報告，了解從微觀、中觀、宏觀這3個層面對問題的詳細解讀，以及相應的干預建議。

DeepSeek會輸出一段全面的分析報告，從個體反應、家庭學校監督到社會整體演算法機制，層層剖析問題的成因，並給出具體的干預策略。這種多角度的分析方法能幫助你在面對複雜的社會現象時，找到更有效的解決辦法。

7　類比思考法，找出潛在的共同原理

有些抽象的概念，比如電腦網路中的「TCP/IP協定（Transmission Control Protocol/Internet Protocol，即傳輸控制協定／網際協定）」讀起來十分晦澀，讓人難以理解。

類比思考法就是把抽象的知識和你熟悉的生活場景掛鉤，讓它變得具體、生動。比如，你可以把電腦網路比作快遞配送系統，這樣一來，每個技術概念都能用生活中的事物來解釋，記起來就簡單多了。

提示詞 請用快遞系統的特性來解釋電腦網路中的TCP/IP協定：

- IP地址相當於收件人住址。
- TCP協定就像簽收確認流程。
- 資料檔案就好比包裹在運輸過程中，被拆分成若干部分。

- 路由器則類似於中轉分揀中心。

第1步,複製上述提示詞。

第2步,將提示詞貼到DeepSeek的輸入框中。

第3步,按下確認鍵執行,等待DeepSeek生成詳細的解釋。

DeepSeek會依此輸出一段通俗易懂的比喻,將抽象的TCP/IP協議解釋成你日常熟悉的快遞配送過程。這樣,每當你想到快遞流程時,相關的技術概念也會變得更容易理解和記憶。

8 刻意練習

英語聽力教材通常較為簡單,導致你可能抓不住關鍵資訊,聽不出難點,提升有限。

刻意練習就是主動替自己增加一些難度,讓大腦適應更高強度的輸入。你可以透過加快播放速度、混入一些非標準口音,甚至故意讓部分單字遺漏,來迫使自己更專注、用上下文來猜測內容,從而不斷提高聽力水準。

提示詞 請設計一套英語聽力訓練方案,內容須包含以下要求:
- 播放資料的速度調整到1.2倍速。
- 混入約10%的非標準口音。
- 故意遺漏部分單字,迫使聽者透過上下文進行推理。

請輸出一份詳細的訓練步驟和注意事項。

第1步，複製上述提示詞。

第2步，將提示詞貼到DeepSeek的輸入框中並執行。

第3步，閱讀輸出的訓練方案，了解如何安排訓練內容和步驟。

　　DeepSeek會生成一份詳細的英語聽力訓練計畫，幫助你逐步攻克更高難度的聽力資料。透過不斷練習，你會發現自己捕捉關鍵資訊的能力明顯提升，從而更能應對聽力考試或日常英語交流。

第 5 章 快記、快背、快寫,成為學習達人

9 遊戲化學習

在背誦古詩或記憶學習重點時,學生往往缺乏動力,覺得學習太枯燥,難以堅持。

遊戲化學習就是把學習變成一個有趣的遊戲,透過設定關卡、獎勵和隱藏任務來激發學習興趣。這樣,你就能在挑戰中獲得成就感,進而提升學習效率和增加樂趣。

提示詞 請設計一個關於古詩背誦的闖關遊戲。
關卡 1:要求正確朗讀古詩,朗讀成功後解鎖相關詩人動畫。
關卡 2:默寫古詩正確率達到80%以上時,獲得「翰林學士」稱號。隱藏任務:找出古詩中的意象,完成後獎勵一段歷史祕聞。
請詳細說明每個關卡的規則和獎勵機制。

第1步，複製上述提示詞。

第2步，黏貼到DeepSeek的輸入框中，並按下確認鍵執行。

第3步，閱讀生成的遊戲化學習方案，了解如何將古詩背誦設計成一個有趣的遊戲。

DeepSeek會輸出一份詳細且富有創意的遊戲化學習方案，將背誦古詩的過程轉變為一個有趣的闖關遊戲。透過設定關卡和獎勵，學生的學習動力將大幅提高，背誦效率和記憶效果也會隨之提升。

第 6 章

爆紅文案信手拈來

第 6 章　爆紅文案信手拈來

1　好內容就有流量

在新媒體時代，商業競爭的焦點已經從「產品」轉向了「流量」。你可能已經聽說過，流量是一切商業的基礎，而獲取流量的關鍵，就在於內容是否足夠吸引人。那些能帶來高流量的內容，往往具有一個共通點——它們足夠有趣、精準，並且能引發用戶共鳴。

無論是小紅書的推坑筆記、TikTok的熱門短影音，還是B站[1]和快手[2]的使用者創作內容，在這個使用者注意力被極度分散的時代，你的文案只有在短短的1秒至3秒內吸引用戶的注意，才能贏得停留時間，進而推動按讚、評論、分享，甚至病毒式傳播。

---

1 全稱為嗶哩嗶哩（bilibili），中國彈幕影片分享網站。
2 中國短影音App。

免費的流量更要把握

商業流量分為兩種：付費流量和免費流量。

付費流量需要企業投入高額的廣告費用，而免費流量的來源則依賴用戶主動傳播。因此，在未來的商業競爭中，創造出能夠讓用戶願意分享和互動的好內容，將是企業和創作者的致勝之道。

但是，面對不同平臺、不同受眾的需求，傳統的文案創作方式可能已無法滿足這些快速變化的環境。一篇能夠引發共鳴的「推坑」文、一則能「引爆」話題的短影音文案，甚至一則幽默而有洞察力的評論，都需要在短時間內被精心設計。正是許多創作者在高強度創作中感到力不從心的原因。

DeepSeek 就是這樣一套「陪你寫」的 AI 工具，只須要輸入簡單的提示詞或創意方向，它就能根據平臺調性、目標使用者和傳播目標，生成符合需求的精準文案，讓創作過程更有效率、輕鬆。

DeepSeek 能幫助你在各大社群平臺上打造更具吸引力的內容。例如，在小紅書上，它可以生成一篇引發共鳴的「推坑筆記」，讓讀者更容易產生興趣與互動；在 TikTok 上，則能提供一段吸引用戶停下來觀看的開頭文案；而在 B 站，DeepSeek 也能為影片標題或留言添加幽默感與趣味

性,激發觀眾自發參與討論,提升整體互動熱度。

未來屬於掌握好內容和免費流量的人

免費流量是未來商業中最具價值的資源,而好的內容是獲取免費流量的核心。DeepSeek不只是一個工具,而是你創作高價值內容的強力「加速器」,能幫助你搶占用戶心智,成為新媒體時代的贏家。

記住這組公式:好內容=好流量=更大商業價值。

用DeepSeek寫好內容,收穫源源不斷的免費流量,未來的商業機會將為你打開大門。

善用以下提及的DeepSeek 3大優勢,就能讓你輕鬆寫出好文案。

➤ 簡單易用,降低寫作門檻

無須複雜的寫作技巧,你只須提供簡潔的提示詞,例如「模仿小紅書風格,寫一篇關於護膚品實測的真實體驗文案」,DeepSeek就能輸出符合平臺風格的內容,幫助你輕鬆跨越「不會寫」的障礙。

➤ 更道地的中文

DeepSeek能精準捕捉本土語言特色，生成更自然、更具共鳴的中文內容。

相比於ChatGPT主要基於英語和多語言混合語料訓練，導致中文表達有時顯得過於正式或生硬，DeepSeek的核心優勢在於其本土化的中文語料庫。DeepSeek不僅涵蓋小紅書、TikTok、知乎[3]等社群平臺的大量中文內容，還融入了網路用語、流行詞彙和地域文化，讓生成的文案更加生活化、有代入感。

當你需要撰寫「推坑」文、短影音腳本或幽默評論時，DeepSeek能靈活切換正式語氣、幽默俏皮或簡潔明瞭的語言風格，避免ChatGPT在中文創作中可能出現的翻譯腔或書面語表達。

同時，DeepSeek能生成多個版本的文案，並可以根據提示多輪調整修改，確保輸出的內容符合具體場景和平臺需求，大幅提高創作效率。

---

3 中國的問答網站。

➤ 靈活的提示詞設計

DeepSeek的提示詞系統,可以根據使用者的不同需求進行靈活調整。你可以根據平臺類型、文案用途、人物誌（Persona）[4]等因素,逐步細化提示內容,讓生成的文案更加符合實際傳播需要。

---

4 一種在行銷規畫或商業設計上描繪目標使用者的方法。

2　了解各大平臺的傳播模式與風格

要想寫出真正的「爆紅」文案,首先要了解不同平臺的傳播特點和用戶偏好。每個平臺的使用者畫像、內容推薦機制、對話模式都有所不同。因此,一篇文案在 TikTok 上紅了,可能在 B 站上就無人問津,反之亦然。下面,我們詳細分析小紅書、TikTok、視頻號[5]、B 站、快手這 5 大平臺的文案風格和要求。

小紅書:分享體驗、精緻生活的社區

平臺特點:用戶多為 18 歲至 35 歲的年輕女性,關注美妝、穿搭、旅行、生活方式等內容。

---

5 中國短影音創作平臺。

推薦機制：主要基於筆記的收藏、按讚和評論進行推薦，內容的真實感和互動性是關鍵。

文案風格：親切、真實、具有故事感，常以生活紀錄或實測的形式引發共鳴。

適合的文案類型：產品實測、推坑文、生活感悟。

範例文案要求：在提示詞中加入「結合個人使用體驗」、「強調真實感」等描述，讓文案更有代入感。

提示詞 模仿小紅書的風格，寫一篇關於護膚品實測的文案，結合真實使用感受，強調溫和效果，適合敏感肌。

TikTok：短影音，吸睛的快節奏平臺

平臺特點：以短影音為主，使用者偏年輕化，熱衷於娛樂內容、創意挑戰和熱門話題。

推薦機制：基於使用者的互動資料（觀看時長、按讚、評論、分享）推薦。

文案風格：短小精悍、開頭吸睛，常用誇張的修辭、時下流行語和能情感共鳴的文字。

適合的文案類型：一段開場白、短影音標題、熱門話題的文案。

範例文案要求：在提示詞中強調「前3秒吸引用戶注

意」、「加入流行語或誇張表達」等。

提示詞 模仿 TikTok 風格，寫一段關於街頭開箱美食的影片開場白，語言幽默風趣，開頭吸引人，適合追求刺激感的年輕觀眾。

視頻號：真實、溫情的生活紀錄

平臺特點：微信生態內的短影音平臺，內容主要客群為社交圈，強調真實、自然、溫情。

推薦機制：基於與好友的互動、用戶興趣和社群分享進行推薦。

文案風格：自然、貼近生活，能引發情感共鳴。

適合的文案類型：生活感悟、溫情家庭紀錄、正能量的短文案。

範例文案要求：在提示詞中強調「溫馨自然」、「真情實感」，主打情感共鳴。

提示詞 模仿視頻號風格，寫一段關於家庭溫馨時刻的影片文案，要求情感真摯，適合分享日常感悟。

B站：年輕人聚集的創意和二次元社區

平臺特點：主要用戶為「Z世代」，對二次元[6]、遊戲、動漫、影視解說等內容有較高關注。

推薦機制：基於用戶的觀看行為、彈幕[7]互動和影片內容標籤進行推薦。

文案風格：幽默、俏皮、網路流行哏多，具有討論性和娛樂性。

適合的文案類型：動漫解說、知識科普、創意劇情。

範例文案要求：提示詞中可以加入「融入網路哏」、「彈幕文化」等要素，使文案更貼合B站用戶口味。

提示詞 模仿B站的風格，寫一段關於經典動畫片的搞笑解說文案，語言幽默，帶有彈幕吐槽和流行哏。

快手：生活化，草根文化的短影音平臺

平臺特點：用戶群體較廣泛，涵蓋城市藍領、農村用戶、年輕人等。內容注重真實、情感和互動。

---

6 指虛構世界，比如動畫、漫畫、遊戲中的角色或場景。
7 觀看影片時，在螢幕上顯示的實時評論字幕。

推薦機制：基於使用者觀看行為和互動資料推薦。

文案風格：直白、生活化，注重情感表達，常帶有樸實的鄉土氣息。

適合的文案類型：鄉村生活紀錄、情感共鳴故事、勵志故事等。

範例文案要求：提示詞中強調「情感直白」、「貼近普通人生活」等。

`提示詞` 模仿快手風格，寫一段關於農村日常生活的影片文案，真實、生活化，能引發觀眾共鳴。

第 6 章　爆紅文案信手拈來

3　文案是否成功，取決於提示詞

　　文案寫作並非只有天賦異稟的人才能做好，尤其在新媒體平臺上，文案寫得是否成功，很大程度上取決於你如何設計提示詞。借助 DeepSeek，你只須要清楚的描述平臺特點、目標受眾、情感表達等要素，系統會自動幫你生成符合要求的爆紅文案。

　　在這一部分，我將教你如何設計有效的提示詞，讓你無論是寫小紅書推坑文，還是 TikTok 短影音開場白，都能輕鬆上手。

先確定寫給誰看

　　每個平臺的用戶都有不同的閱讀習慣和喜好，因此在提示詞中，必須明確說明你關注的是什麼平臺，以及對應的用戶形象。

小紅書：在提示詞中加入「模仿小紅書風格」、「真實體驗」、「溫和自然」等。

TikTok：在提示詞中強調「開頭吸引人」、「融入流行語」、「節奏感強」等要求。

視頻號：在提示詞中使用「情感真摯」、「貼近生活」、「適合分享到社群」等。

B站：在提示詞中融入「彈幕用語」、「幽默風趣」、「適合年輕次文化觀眾」等。

快手：在提示詞中強調「生活化」、「直白情感」、「引發共鳴」等。

> 提示詞　模仿小紅書的風格，寫一篇關於春季護膚推薦的文案，結合個人使用體驗，強調溫和保溼的效果，適合敏感肌的年輕用戶。

用在哪？講什麼？都要告訴它

在提示詞中，需要明確定出你希望生成的文案是用在哪種場景中，例如廣告標題、產品實測、短影音開場白等。不同的內容用途需要不同的情感表達和結構。

範例提示詞結構：模仿＿＿＿＿＿＿＿（平臺名稱）風格，寫

一段關於＿＿＿＿（內容主題）的＿＿＿＿（文案用途）。

提示詞 1 產品實測場景，如「模仿小紅書的風格，寫一篇關於新型美白精華的實測文案，要求文案真實親切，結合個人使用體驗」。

提示詞 2 短影音開場白場景，如「模仿 TikTok 的風格，寫一段關於街頭走訪的短影音開場白，要求開頭吸睛，語言簡潔有力」。

提示詞 3 生活感悟場景，如「模仿視頻號的風格，寫一篇關於與家人共度時光的感悟文案，要求溫馨自然，強調親情」。

情感和細節才能打動人

用戶之所以被文案打動，往往是因為其中蘊含的情感和細節能夠引發共鳴。因此，在提示詞中加入情感和細節要求至關重要。

像是明確要求「融入情感」、「帶有細節描述」或「結合個人故事」，可以讓內容更生動、貼近真實，也更容易吸引讀者注意。

此外，若能指出希望文案帶給讀者的情感效果，例如「激勵人心」、「引發共鳴」或「傳遞溫暖」，AI 也能更

準確的調整語氣與風格，讓內容不只好看，還能打動人心。

提示詞 模仿快手的風格，寫一段關於農村日常生活的影片文案，要求真實、生活化，帶有個人故事，能夠引發觀眾共鳴。

生成範例：

清晨的第一縷陽光灑在田間，我用鋤頭輕輕翻開泥土，收穫的不只是食物，還有生活的簡單和滿足。每天日出而作、日落而息，這就是我的日常。但就是這種看似平凡的小日子，卻藏著無數的美好和希望。

以下是一個有效提示詞的基礎結構，它可以幫助你明確提出文案的核心內容、表達風格和目標效果。

提示詞範本結構：模仿＿＿＿＿（平臺風格），寫一段關於＿＿＿＿（內容主題）的＿＿＿＿（文案用途），要求文案＿＿＿＿（細節描述）、＿＿＿＿（情感表達）、＿＿＿＿（字數限制）。

提示詞 模仿B站風格，寫一段關於「經典動漫回顧」的搞笑解說文案，融入網路哏和彈幕用語，幽默風趣，適合年輕觀眾。

生成範例：

你還記得小時候熬夜追《航海王》的日子嗎？每次魯夫喊出「我要成為海賊王」時，我都覺得這是熱血少年的共鳴儀式！可誰能想到，十多年過去了，魯夫還在路上，我們卻被工作壓得喘不過氣。乾杯，青春！感謝魯夫陪我們成長。

多問幾次，打磨細節

即使是簡單的提示詞，在 DeepSeek 中也能透過多次調整寫出更符合預期的文案。你可以嘗試以下方法。

增加細節要求：比如「開頭用問題引出話題」或「結尾用一句號召性的語句結束」。

調整情感強度：比如「請加強情感共鳴」、「用幽默語言表達」等。

選出最佳版本：比較生成的不同版本，選擇並進一步潤飾成最佳內容。

範例改寫過程：

• 初次提示詞為「模仿 TikTok 的風格，寫一段關於健身勵志的短影音文案」。初稿輸出為「健身並不是看一眼體重計就能成功的事，而是每天的堅持。你越流汗，越接近自

己想要的模樣」。

　●改寫提示詞為「請加入開頭吸引人的短句,並用更加有情感的語氣」。

改寫後:
　如果你每天都討厭鏡子裡的自己,那就換個方法去愛自己。健身是對自己最好的投資。只有揮灑汗水、堅持不懈,才能成為夢想中的樣子!

4 如何生成爆紅文案

接下來,我們將進入實際操作部分,以小紅書、TikTok、視頻號、B站和快手為例,展示如何透過DeepSeek提示詞,設計生成適合各平臺的爆紅文案。無論你是想寫一篇推坑實測、一段短影音開場白,還是一則生活感悟,DeepSeek都能幫你輕鬆完成。

小紅書:真實體驗與故事感的推坑文案

平臺特點複習:小紅書用戶注重真實體驗和個人化故事,文案要讓讀者感受到「這是真的有用,而且我也可以試試」的感覺。

範例提示詞 模仿小紅書風格,寫一篇關於春季護膚推薦的推坑文案,結合個人使用體驗,強調溫和保溼的效果,適合敏感肌的年輕用戶。

生成範例：

春天的肌膚最容易敏感，我曾經為了選對護膚產品折騰了好久。直到遇到了這牌溫和保溼的精華，它沒有華麗的包裝，但效果實實在在——第一次使用後，乾燥脫皮的地方瞬間被「救活」了，連續用了一週，臉上那種乾巴巴的感覺徹底消失了。敏感肌的朋友們，如果你還在糾結要用什麼，不妨試試這牌能溫柔對待肌膚的小救星！

◆ **重點分析：**

- 強調真實的個人體驗，容易引發讀者共鳴。
- 文案中使用了溫暖、親切的語氣，符合小紅書「分享」的社群氛圍。

TikTok：吸睛的短影音開場白

平臺特點複習：TikTok 文案的核心是在前 3 秒抓住用戶，常用誇張的修辭、引人入勝的疑問或流行語，確保用戶不滑走。

範例提示詞 模仿 TikTok 的風格，寫一段關於街頭走訪的短影音開場白，語言幽默風趣，開頭吸引人，適合追求刺激感的年輕觀眾。

生成範例：

你以為普通的街頭餐廳沒什麼特別的？那你就大錯特錯了！今天帶你見識一下隱藏在小巷深處、排隊排瘋了的神級小吃，每一口都讓你懷疑人生：「這竟然只要50塊錢！」

◆ **重點分析：**

● 開頭用「你以為……？那你就大錯特錯了！」製造懸念，吸引使用者繼續觀看。

● 使用誇張和情感化的語言，讓人對接下來的內容充滿期待。

視頻號：溫暖治癒的生活紀錄文案

平臺特點複習：視頻號使用者傾向於關注與日常生活相關的內容，文案風格要溫馨自然，能引發情感共鳴，適合分享給好友或發到社群。

範例提示詞 模仿視頻號風格，寫一篇關於與家人共度美好時光的感悟文案，要求情感真摯，強調親情。

生成範例：

記憶中的家，可能並不是高樓大廈，而是飯桌上的一碗

熱湯、窗臺上的一縷陽光。昨天和父親坐在院子裡聊小時候的趣事，他說著說著笑了，我卻紅了眼眶。家人陪伴的時間是世界上最大的寶藏，我們總以為還有很多時間，但不要讓「等一等」變成「來不及」。

◆ 重點分析：

● 使用溫暖的語言引發情感共鳴，帶有一定的反思意味，適合轉發社群。

● 文案強調親情，容易引發用戶的分享欲。

B站：二次元風格的搞笑解說文案

平臺特點複習：B站用戶偏愛帶有哏和彈幕文化的文案，在文案中加入網路流行語、幽默吐槽是引發用戶互動的關鍵。

範例提示詞 模仿B站風格，寫一段關於經典動畫片《灌籃高手》的搞笑解說文案，要求語言幽默，帶有網路哏和吐槽元素。

生成範例：

《灌籃高手》讓我懂得了一個道理：長得帥、打籃球又厲害的人，果然比我運氣好！櫻木花道的單戀讓我覺得他

很勵志——他追晴子姐的執著,就像我減肥路上的那種「假裝努力」。每次喊著「我要成為全國冠軍」,我都能聽到:「是啊,你只是在喊而已!」

◆ 重點分析:

● 文案中使用了網路哏和吐槽式的幽默風格,很容易在彈幕中引發互動。

● 符合B站年輕用戶的幽默感和娛樂需求。

快手:生活化的情感故事文案

平臺特點複習:快手文案需要簡單直白但情感真摯,適合講述貼近生活的真實故事,強調情感共鳴和互動。

範例提示詞 模仿快手風格,寫一段關於農村日常生活的文案,要求真實生活化,語言樸實,適合引發觀眾共鳴。

生成範例:

清晨,天剛矇矇亮,院子裡的公雞開始啼叫。我端著一碗熱氣騰騰的稀飯,望著遠處的山巒被朝陽染紅。這是我們每天的小日子——沒有轟轟烈烈的大事,但簡單得溫暖。就像母親常說的:「過日子嘛,腳踏實地,心裡才踏實。」

- **重點分析：**
    - 文案簡單樸實，但透過細節描寫出農村生活的質樸感，很容易引起共鳴。
    - 語言直接，情感真摯，符合快手生活化內容的平臺調性。

透過上述範例，我們可以看到，DeepSeek能根據不同平臺和提示詞生成符合預期的文案。實作過程中，你只須不斷調整提示詞中的細節要求，例如加入更多的情感描述或強調特定場景，便可生成更加契合需求的文案。在下一節中，我們將介紹如何應對常見問題，並分享更多幫助改善提示詞的技巧。

5 常見問題與技巧分享

在使用 DeepSeek 寫新媒體文案的過程中，你可能會遇到一些問題，比如生成的文案不夠吸引人、語氣不符合平臺要求或者字數超出限制等。這一部分將詳細分析這些常見問題，並分享改善提示詞的小技巧，幫助你更有效率的寫出優質文案。

➤ 文案太長或太短，影響閱讀體驗

現象：生成的文案篇幅過長，讓人沒有耐心看完，或者太短，資訊不夠豐富。

解決方案：在提示詞中明確要求字數範圍，比如「控制在100字以內」或「不少於300字」。

範例：

● 初次提示詞為「請幫忙寫一段推薦護膚產品的小紅書文案」。

- 改寫提示詞為「寫一段小紅書風格的護膚產品推薦文案，控制在200字以內，語言親切自然」。

改寫後：

這牌溫和到「會哄人」的護膚精華，一定要推薦給你們。用了2週，我的敏感肌從「報警狀態」變成了「歲月靜好」。它沒有刺激感，抹在臉上很清爽，而且第二天起來皮膚還特別柔軟！朋友們，值得一試！

➢ 文案的語氣不符合平臺調性

現象：在小紅書上文案太正式，在B站上文案過於嚴肅，導致用戶代入感差。

解決方案：在提示詞中明確指定平臺和其風格，比如「模仿小紅書的風格」、「融入網路哏和彈幕文化」等。

範例：

- 初次提示詞為「寫一篇關於經典動畫《灌籃高手》的解說文案」。

- 改寫提示詞為「請模仿B站的風格，寫一篇關於經典動畫《灌籃高手》的搞笑解說文案，需要融入網路哏和彈幕吐槽」。

改寫後：

當櫻木花道喊著「我是天才」的時候，你知道他要麼在

裝，要麼在犯蠢！每次看到他打球前5秒都很自信，後5秒直接出糗，我只能在螢幕前高呼：「兄弟，你醒醒吧！」

➤ 缺乏吸引力或情感共鳴

現象：生成的文案無法打動人心，開頭平淡或情感不足，無法引發用戶互動。

解決方案：在提示詞中加入情感要求，比如「用充滿溫情的語言」、「在開頭引入疑問或懸念」。

範例：

- 初次提示詞為「寫一段關於農村日常生活的快手平臺文案」。

- 改寫提示詞為「模仿快手風格，寫一段關於農村日常生活的文案，語言樸實，帶有個人故事和情感共鳴」。

改寫後：

天矇矇亮，炊煙升起，奶奶的菜園裡長滿了青翠的蔬菜。小時候，我總愛坐在她的小板凳上，看她摘下剛成熟的番茄，遞給我吃。那時候的味道，是我至今難忘的家鄉味道。家，總是讓人心裡踏實。

怎麼調整最具體？

除了前面提到的幾種情況，提供 AI 以下幾個具體要求，能讓產出文案更合你意。

➤ 指定具體場景和細節

具體的場景能夠幫助 DeepSeek 更精準的理解你的需求，生成更生動、更貼合用戶感受的文案。

範例 模仿視頻號風格，寫一段關於家庭聚餐充滿溫情的文案，場景是除夕夜一家人圍坐在餐桌旁。

效果：明確指出「除夕夜聚餐」的場景，生成的文案更加有畫面感和代入感。

➤ 明確要求目標情感和語氣

不同情感導向會直接影響文案的感染力。在提示詞中明確希望文案是「幽默風趣」還是「溫暖治癒」，能夠讓輸出的文案更符合需求。

範例 模仿小紅書的風格，寫一篇關於春遊穿搭推薦的文案，語氣輕鬆愉快，能帶動讀者出遊的興趣。

效果：文案語氣更加貼近春遊主題，容易引發使用者的行動和互動。

➢ **控制字數和結構**

　　長短合適的文案更容易被用戶閱讀和分享,因此在提示詞中加入「字數限制」能夠有效改善文案結構。

　　範例 模仿TikTok的風格,寫一段關於深夜小吃的短影音開場白,控制在50字以內,吸引用戶繼續觀看。

　　效果:限制字數後,文案開頭更加精煉直接,有助於在短時間內抓住用戶。

1次不行,就2次

　　即使提示詞已經寫得較為詳細,生成的文案仍有可能不夠理想。這時可以透過多輪調整進一步改寫。每輪調整都可以加入新的要求,例如「開頭更有衝擊力」、「強化情感描述」等。

　　• 初次提示詞為「寫一篇關於健身的勵志文案」。初稿輸出為「健身是對自己最好的投資,堅持下去,你會看到更好的自己」。

　　• 優化提示詞為「請加強情感共鳴,並在開頭用一個問題引出文案」。

最終改寫後：

你有多久沒看過鏡子裡的自己了？是因為害怕看到沒有變化的身材，還是害怕面對自己的放棄？別害怕，汗水和堅持會給你答案。

以下是一個完整的改寫提示詞範例，綜合考慮了平臺風格、情感描述和字數控制等要求。

<提示詞> 模仿TikTok的風格，寫一段關於健身的勵志文案，要求開頭用引人入勝的疑問，結尾帶有鼓勵性的呼籲，控制在100字以內。

最終文案：

什麼時候才會變成理想中的自己？答案很簡單：從今天開始。健身不是一場比拚速度的比賽，而是一場和自己的較量。每一滴汗水，都是你戰勝「放棄」的證據。今天動起來，未來的你會感謝現在的自己！

6 最重要的是實踐

學習文案寫作最重要的是實踐，尤其是面對不同平臺時，要能夠靈活設計提示詞，生成符合要求的爆紅文案。下面是基於小紅書、TikTok、視頻號、B站和快手5大平臺設計的作業任務，以及自我評估和總結方法。

➤ 小紅書推坑文案

場景描述：推薦一牌適合秋冬使用的保溼乳霜，文案需要強調實際使用體驗，並結合季節特點。

範例提示詞 模仿小紅書的風格，寫一篇關於秋冬保溼乳霜的推坑文案，結合真實使用感受，強調保溼效果和舒適體驗。

你可以透過以下練習來提升提示詞的靈活應用能力。首先，將原本的「保溼乳霜」替換成其他產品類型，例如「眼霜」、「精華液」或「身體乳」，並觀察生成的文案在語氣

與重點上的變化。接著，可以嘗試在提示詞中加入更多具體要求，如「模仿用戶評論風格」或「加入搭配使用建議」，讓產出的內容更貼近實際行銷情境，也更具參考價值。

在完成文案後，不妨進行簡單的自我評估。你可以檢視內容是否具備真實的使用體驗，讓讀者感受到可信度與共鳴感；也要留意開頭是否足夠吸引人，能在短時間內抓住目光；最後，檢查語言是否自然親切，是否符合小紅書上常見的用戶語氣與分享風格，讓整體內容更貼近平臺生態。

➤ TikTok 短影音開場白

場景描述：為一段街頭開箱美食的影片寫開場白，文案需要在開頭幾秒抓住使用者注意力，語言幽默風趣。

範例提示詞 模仿 TikTok 的風格，寫一段關於街頭美食開箱的短影音開場白，開頭吸睛，語言幽默風趣。

你可以透過這個練習來強化提示詞的靈活性與創造力。試著將原本的「街頭美食」替換為「夜市小吃」、「異國風味餐廳」或「特色甜品」等不同類型的美食主題，以此產出多個版本的內容，觀察風格與語氣的變化。同時，也可以在提示詞中加入像是「以疑問句開頭」或「設計懸念」的要求，進一步提升文案的吸引力與點擊意願。

完成文案後，可以簡單的自我評估，確認內容是否具備

吸引力。首先,檢視開頭是否能在第一時間抓住用戶的注意力;接著,評估語言是否生動有趣,具備一定的節奏感,讓人讀起來順暢不無聊;最後,也可以思考是否巧妙融入當下的流行語或熱門話題,提升內容的時效性與共鳴。

➤ 視頻號情感文案

場景描述:記錄一個與家人共度的溫馨週末時光,文案要自然溫暖,能夠引發用戶的情感共鳴。

範例提示詞 模仿視頻號的風格,寫一段關於家庭週末時光的感性文案,語言要溫馨自然,特別強調親情和陪伴的重要性。

你可以透過練習,將「週末時光」替換成其他場景,如「家庭聚餐」、「節假日出遊」或「父母生日」,並生成多個不同版本的文案,觀察內容如何隨場景改變而調整。同時,嘗試在提示詞中加入「更多細節描述」和「情感昇華」的要求,讓產出的文字更加生動且富有感染力。

完成文案後,可以從幾個角度進行自我評估。首先,檢視文案是否傳達出溫暖的情感,讓人感受到真摯的氛圍;其次,觀察細節描寫是否具體生動,能夠讓讀者在腦海中形成清晰的畫面;最後,確認結尾是否有引發共鳴的效果,或者帶來讓人思考的反思,使整篇文案更有深度與感染力。

➢ B 站搞笑解說文案

場景描述：針對經典動畫《灌籃高手》，寫一段帶有網路哏和彈幕吐槽的解說文案，適合年輕用戶。

範例提示詞 模仿 B 站的風格，寫一段關於經典動畫《灌籃高手》的搞笑解說文案，融入網路哏和彈幕吐槽。

你可以透過練習，將《灌籃高手》替換成其他經典影視作品，例如《名偵探柯南》、《哈利波特》或《復仇者聯盟》，並生成多個不同版本的內容，觀察文案如何隨作品風格變化。同時，嘗試在提示詞中加入「更多網路哏」和「彈幕吐槽」的要求，讓內容更貼近網路流行文化，增加趣味性與互動感。

完成文案後，可以從幾個方面進行自我評估。首先，檢查文案是否幽默有趣，能吸引讀者的注意；其次，確認是否巧妙融入網路用語，並帶有彈幕風格，讓內容更貼近網路文化；最後，評估文案是否具備引發討論或互動的潛力，促進讀者積極參與。

➢ 快手生活紀錄文案

場景描述：記錄農村田間的日常生活，文案需要真實、生活化，強調質樸的生活情感。

範例提示詞 模仿快手的風格，寫一段關於農村田間生活的文案，語言樸實無華，強調鄉村生活的簡單和溫暖。

你可以透過練習，將「田間生活」替換成其他場景，例如「村裡集市」、「家庭農作」或「河邊垂釣」，並生成多個不同版本的內容，觀察文案如何隨場景變化而調整。同時，嘗試在提示詞中加入「更多細節」和「情感昇華」的要求，讓內容更加生動且富有感染力。

完成文案後，可以從幾個方面進行自我評估。首先，檢視內容是否成功體現鄉村的簡單質樸氛圍；其次，觀察是否融入了真實且具體的細節描寫，使畫面感更加鮮明；最後，確認結尾是否能夠引發讀者的情感共鳴，讓整篇文案更具感染力。

檢討、蒐集回饋，建立自己的範本資料庫

完成練習任務後，進行以下步驟的自我評估。

選擇最佳版本：針對每個平臺的文案版本，選擇最符合平臺調性的那一版，並記錄下你認為最有吸引力的部分。

• 記錄每次修改提示詞後的變化，分析哪些改動提升了文案的吸引力和效果。

• 總結出哪些提示詞組合最有效，建立自己的提示詞

範本資料庫。

- **分享與討論：**
  - 將生成的文案分享到群組或與朋友討論，蒐集回饋並進一步改寫提示詞。
  - 根據回饋調整提示詞，以此生成更加符合平臺需求的文案。

文案寫作是一個需要長期積累和持續調整的過程，尤其是面對不同的平臺時，要及時跟進熱門話題和流行趨勢。以下是持續提升的幾個關鍵點：

關注各平臺熱門話題：定期查看各大平臺的熱門內容，學習熱門文案的結構和用詞，並融入自己的提示詞設計中。

建立個人提示詞資料庫：將每次練習中效果好的提示詞記錄下來，逐步形成適合不同場景的提示詞範本資料庫。

定期練習與改進：每週選定一個主題，針對不同的平臺生成多版本文案，並進行調整，逐步提升提示詞設計能力。

總結來說，掌握提示詞設計技巧是寫出爆紅文案的關鍵，透過反覆練習和自我評估，你會逐漸掌握如何靈活運用 DeepSeek 提示詞，生成符合不同平臺需求的文案。

持續改寫和總結能幫助你建立自己的提示詞範本資料

庫,成為你的「文案寶藏」。

與他人交流和回饋能加速你的學習過程,讓你更快掌握新媒體文案寫作的核心要領。

透過這些練習,你不僅能掌握提示詞的使用,更重要的是學會如何有效率的創作,逐步成為爆紅文案的創作者。

附錄
總結 DeepSeek 的超強功能

以下總結本書的精華。

1. DeepSeek 不僅是一個普通的 AI 寫作工具，更像是一位「全能寫作助教」。無論是陪你辯論、替你翻譯，還是幫你模仿文學大師，它都能輕鬆勝任。

它是你真正的創作夥伴，幾乎可以幫你搞定所有和寫作有關的事！

2. DeepSeek 不僅是你的「語言翻譯器」，更是「表達優化大師」，能夠理解語境、調整語氣，確保翻譯內容既準確又專業。

3. DeepSeek 是你的貼身「程式設計助理」，不僅能幫你寫程式碼、理順程式邏輯，還能迅速定位和修復程式碼中的錯誤。

4. DeepSeek 是你的「資料歸納員」，能快速從雜亂無章的文字、資料和會議紀錄中提煉出有價值的資訊，幫你輕鬆完成資料報告、會議紀錄和複雜文件歸納等任務。

5. 可以讓AI記住的資訊：
   - 你的職業和工作背景
   - 你的產業和領域
   - 你的風格偏好
   - 長期目標或專案
6. 不要讓AI記住的資訊：
   - 個人敏感資訊
   - 公司機密和商業敏感資訊
   - 個人的隱私生活
   - 政治或法律敏感資訊
   - 帶有私人情緒或負面評價的資訊

國家圖書館出版品預行編目(CIP)資料

DeepSeek 快速上手指南：比 ChatGPT 適合中文使用者，入門、搜索、除錯到寫作，學生、上班族或企業主管一鍵適用。／李尚龍著. -- 初版. -- 臺北市：大是文化有限公司，2025.08
240 面；14.8×21 公分. --（Biz；495）
ISBN 978-626-7648-83-4（平裝）

1. CST：人工智慧

312.83　　　　　　　　　　　　　　　114007025

Biz 495
DeepSeek 快速上手指南
比 ChatGPT 適合中文使用者，入門、搜索、除錯到寫作，學生、上班族或企業主管一鍵適用。

作　　者／李尚龍
責任編輯／陳映融
校對編輯／張庭嘉
副　主　編／蕭麗娟
副總編輯／顏惠君
總　編　輯／吳依瑋
發　行　人／徐仲秋
會計部｜主辦會計／許鳳雪、助理／李秀娟
版權部｜經理／郝麗珍、主任／劉宗德
行銷業務部／業務經理／留婉茹、專員／馬絮盈、助理／連玉
　　　　　　行銷企劃／黃于晴、美術設計／林祐豐
行銷、業務與網路書店總監／林裕安
總　經　理／陳絜吾

出　版　者／大是文化有限公司
　　　　　　臺北市 100 衡陽路 7 號 8 樓
　　　　　　編輯部電話：（02）23757911
　　　　　　購書相關諮詢請洽：（02）23757911 分機 122
　　　　　　24 小時讀者服務傳真：（02）23756999
　　　　　　讀者服務 E-mail：dscsms28@gmail.com
　　　　　　郵政劃撥帳號：19983366　戶名：大是文化有限公司

香港發行／豐達出版發行有限公司 Rich Publishing & Distribution Ltd
　　　　　地址：香港柴灣永泰道 70 號柴灣工業城第 2 期 1805 室
　　　　　　　　Unit 1805, Ph.2, Chai Wan Ind City, 70 Wing Tai Rd, Chai Wan, Hong Kong
　　　　　電話：21726513　傳真：21724355　E-mail：cary@subseasy.com.hk

封面設計／孫永芳
內頁排版／王信中
印　　　刷／鴻霖印刷傳媒股份有限公司

出版日期／ 2025 年 8 月
定　　　價／新臺幣 430 元（缺頁或裝訂錯誤的書，請寄回更換）
Ｉ Ｓ Ｂ Ｎ ／ 978-626-7648-83-4
電子書 ISBN ／ 9786267648872（PDF）
　　　　　　　9786267648865（EPUB）

本作品中文繁體版通過成都天鳶文化傳播有限公司代理，由著作人李尚龍授予大是文化有限公司獨家出版發行，非經書面同意，不得以任何形式，任意重製轉載。

有著作權，侵害必究　　　　　　　　　　　　　　　Printed in Taiwan